中国汽车节能与环保标准手册
（2016）

冯　屹　王　兆　郑天雷　编著

中国质检出版社
中国标准出版社

北　京

图书在版编目（CIP）数据

中国汽车节能与环保标准手册（2016）/ 冯屹，王兆，郑天雷编著．—北京：中国标准出版社，2016.6
ISBN 978 - 7 - 5066 - 8213 - 8

Ⅰ.①中… Ⅱ.①冯…②王…③郑… Ⅲ.①汽车节油—手册②汽车—环境保护—环境标准—手册 Ⅳ.①U471.23 - 62②X734.2 - 62

中国版本图书馆 CIP 数据核字（2016）第 040704 号

中国质检出版社
中国标准出版社 出版发行
北京市朝阳区和平里西街甲 2 号（100029）
北京市西城区三里河北街 16 号（100045）
网址：www. spc. net. cn
总编室：（010）68533533 发行中心：（010）51780238
读者服务部：（010）68523946
中国标准出版社秦皇岛印刷厂印刷
各地新华书店经销

*

开本 880×1230 1/32 印张 7 字数 202 千字
2016 年 6 月第一版 2016 年 6 月第一次印刷

*

定价 48.00 元

编委会名单

前 言

　　近年来，随着中国经济持续快速发展，汽车工业产销规模不断扩大。2014 年，中国汽车产销量双双突破 2300 万辆，连续五年成为世界第一大汽车生产国和消费市场。中国汽车保有量突破 1.5 亿辆，石油表观消费量超过 5.2 亿吨，全年石油净进口约 3.1 亿吨，对外依存度达到 59.5%。同时，汽车保有量快速增长也成为我国大部分地区雾霾天气的成因之一。为应对汽车产业快速发展带来的能源和环境问题，实现中国汽车产业可持续、健康发展，中国先后制定、发布并实施了一系列汽车节能、污染物排放和燃料标准，建立起相对完善的汽车节能和环保标准体系，在推动汽车节能、减排方面发挥了积极作用。

　　作为国家加强汽车节能工作的重要举措，经国家标准化管理委员会批复，全国汽车标准化技术委员会汽车节能分技术委员会（SAC/TC114/SC32）于 2014 年 12 月 22 日正式成立，统筹协调汽车节能及相关标准的研究和制定。为方便相关政府部门和广大从业者系统了解汽车节能及相关标准，汽车节能分标委秘书处组织专业技术人员对中国现行汽车节能标准、排放标准、燃料标准以手册形式汇总成册；作为参考，还收录了《节能与新能源汽车产业发展规划（2012—2020 年）》《〈中国制造 2025〉规划系列解读之推动节能与新能源汽车发展》等重要政策文件。

　　本书在编写过程中，得到了联合汽车电子有限公司贾雨的大力支持，借此机会表示衷心感谢。由于时间仓促，尚有许多不尽如人意的地方，敬请关心汽车节能与环保工作的领导、专家和社会各界提出指导和批评意见，以便再版时改进和提高。

编　者

2015 年 9 月 10 日

目　录

第一篇　节能标准

第一章

轻型汽车

GB 19578—2004 乘用车燃料消耗量限值

一、概览

本标准是我国控制汽车燃料消耗量的第一个强制性标准。标准不仅规定了乘用车燃料消耗量的限值，也提出了测量和记录 CO_2 排放量的要求。

二、适用范围

本标准适用于以点燃式发动机或压燃式发动机为动力，最大设计车速大于或等于 50km/h、最大设计总质量不超过 3 500kg 的 M_1 类车辆。本标准不适用于仅燃用气体燃料或醇类燃料的汽车。

三、采标情况

本标准未采用国外或国际标准法规。

四、燃料消耗量试验与计算

燃料消耗量试验按 GB/T 19233—2003 的第 4 章、第 5 章和第 6 章的规定进行。燃料消耗量的计算按 GB/T 19233—2003 的第 7 章的规定进行。

五、燃料消耗量限值

乘用车燃料消耗量的限值见表 1-1。如果申请车型在结构上具有以下一种或多种特征，其限值见表 1-2。

a）装有自动变速器；

b）具有三排或三排以上座椅；

c）符合 GB/T 15089—2001 中 3.5.1 规定条件的 M_1G 类汽车。

表 1－1　乘用车燃料消耗量限值（1）

整车整备质量（CM）/kg	第一阶段/（L/100km）	第二阶段/（L/100km）
CM≤750	7.2	6.2
750＜CM≤865	7.2	6.5
865＜CM≤980	7.7	7.0
980＜CM≤1090	8.3	7.5
1090＜CM≤1205	8.9	8.1
1205＜CM≤1320	9.5	8.6
1320＜CM≤1430	10.1	9.2
1430＜CM≤1540	10.7	9.7
1540＜CM≤1660	11.3	10.2
1660＜CM≤1770	11.9	10.7
1770＜CM≤1880	12.4	11.1
1880＜CM≤2000	12.8	11.5
2000＜CM≤2110	13.2	11.9
2110＜CM≤2280	13.7	12.3
2280＜CM≤2510	14.6	13.1
2510＜CM	15.5	13.9

表 1－2　乘用车燃料消耗量限值（2）

整车整备质量（CM）/kg	第一阶段/（L/100km）	第二阶段/（L/100km）
CM≤750	7.6	6.6
750＜CM≤865	7.6	6.9
865＜CM≤980	8.2	7.4
980＜CM≤1090	8.8	8.0
1090＜CM≤1205	9.4	8.6

表 1-2（续）

整车整备质量（CM）/kg	第一阶段/（L/100km）	第二阶段/（L/100km）
1205＜CM≤1320	10.1	9.1
1320＜CM≤1430	10.7	9.8
1430＜CM≤1540	11.3	10.3
1540＜CM≤1660	12.0	10.8
1660＜CM≤1770	12.6	11.3
1770＜CM≤1880	13.1	11.8
1880＜CM≤2000	13.6	12.2
2000＜CM≤2110	14.0	12.6
2110＜CM≤2280	14.5	13.0
2280＜CM≤2510	15.5	13.9
2510＜CM	16.4	14.7

六、执行日期

1. 对于新认证车，第一阶段的执行日期为 2005 年 7 月 1 日，第二阶段的执行日期为 2008 年 1 月 1 日。

2. 对于在生产车，第一阶段的执行日期为 2006 年 7 月 1 日，第二阶段的执行日期为 2009 年 1 月 1 日。

GB 19578—2014 乘用车燃料消耗量限值

一、概览

本标准代替 GB 19578—2004《乘用车燃料消耗量限值》。与 GB 19578—2004 相比主要变化包括加严了车型燃料消耗量限值要求、缩小了特殊结构车辆的范围。

二、适用范围

本标准适用于能够燃用汽油或柴油燃料、最大设计总质量不超过 3 500 kg 的 M_1 类车辆。本标准不适用于仅燃用气体燃料或醇醚类燃料的车辆。

三、采标情况

本标准未采用国外或国际标准法规。

四、燃料消耗量试验与计算

汽油、柴油、两用燃料及双燃料车辆的燃料消耗量应按GB/T 19233进行测定。插电式及非插电式混合动力车辆的燃料消耗量应按GB/T 19753进行测定。

五、燃料消耗量限值

装有手动挡变速器且具有三排以下座椅的车辆的燃料消耗量限值见表1-3。其他车辆的燃料消耗量限值见表1-4。

表 1-3　乘用车燃料消耗量限值-1

整车整备质量（CM）/kg	车型燃料消耗量限值/（L/100 km）
CM≤750	5.2
750＜CM≤865	5.5
865＜CM≤980	5.8
980＜CM≤1090	6.1
1090＜CM≤1205	6.5
1205＜CM≤1320	6.9
1320＜CM≤1430	7.3
1430＜CM≤1540	7.7
1540＜CM≤1660	8.1
1660＜CM≤1770	8.5
1770＜CM≤1880	8.9
1880＜CM≤2000	9.3
2000＜CM≤2110	9.7
2110＜CM≤2280	10.1
2280＜CM≤2510	10.8
2510＜CM	11.5

表 1-4　乘用车燃料消耗量限值-2

整车整备质量（CM）/kg	车型燃料消耗量限值/（L/100 km）
CM≤750	5.6
750＜CM≤865	5.9
865＜CM≤980	6.2
980＜CM≤1090	6.5
1090＜CM≤1205	6.8
1205＜CM≤1320	7.2
1320＜CM≤1430	7.6
1430＜CM≤1540	8.0

表 1-4（续）

整车整备质量（CM）/kg	车型燃料消耗量限值/（L/100 km）
1540＜CM≤1660	8.4
1660＜CM≤1770	8.8
1770＜CM≤1880	9.2
1880＜CM≤2000	9.6
2000＜CM≤2110	10.1
2110＜CM≤2280	10.6
2280＜CM≤2510	11.2
2510＜CM	11.9

六、执行日期

1. 对新认证车，执行日期为 2016 年 1 月 1 日。

2. 对在生产车，执行日期为 2018 年 1 月 1 日。

GB 27999—2011 乘用车燃料消耗量
评价方法及指标

一、概览

本标准规定了乘用车车型燃料消耗量和企业平均燃料消耗量的评价方法及指标。标准沿用整车整备质量作为基准参数的单车燃料消耗量评价体系，同时引入"企业平均燃料消耗量目标值"的概念，将企业作为评价对象，根据乘用车车型燃料消耗量和对应的生产、进口或销售量设定企业的企业平均燃料消耗量目标值，使企业在满足企业平均燃料消耗量要求的前提下保持产品结构的多样性。

二、适用范围

本标准适用于能够燃用汽油或柴油燃料的、最大设计总质量不超过 3 500kg 的 M_1 类车辆。本标准不适用于仅燃用气体燃料或醇醚类燃料的车辆。

三、采标情况

本标准未采用国外或国际标准法规。

四、车型燃料消耗量目标值

具有下列结构特征之一的乘用车车型燃料消耗量目标值见表 1-6。

a）具有三排或三排以上座椅；

b）装有非手动挡变速器。

其他乘用车车型燃料消耗量目标值见表 1-5。

表 1－5　车型燃料消耗量目标值-1

整车整备质量（CM）/kg	车型燃料消耗量目标值/（L/100km）
CM≤750	5.2
750＜CM≤865	5.5
865＜CM≤980	5.8
980＜CM≤1090	6.1
1090＜CM≤1205	6.5
1205＜CM≤1320	6.9
1320＜CM≤1430	7.3
1430＜CM≤1540	7.7
1540＜CM≤1660	8.1
1660＜CM≤1770	8.5
1770＜CM≤1880	8.9
1880＜CM≤2000	9.3
2000＜CM≤2110	9.7
2110＜CM≤2280	10.1
2280＜CM≤2510	10.8
2510＜CM	11.5

表 1－6　车型燃料消耗量目标值-2

整车整备质量（CM）/kg	车型燃料消耗量目标值/（L/100km）
CM≤750	5.6
750＜CM≤865	5.9
865＜CM≤980	6.2
980＜CM≤1090	6.5
1090＜CM≤1205	6.8

表 1-6（续）

整车整备质量（CM）/kg	车型燃料消耗量目标值/（L/100km）
1205＜CM≤1320	7.2
1320＜CM≤1430	7.6
1430＜CM≤1540	8.0
1540＜CM≤1660	8.4
1660＜CM≤1770	8.8
1770＜CM≤1880	9.2
1880＜CM≤2000	9.6
2000＜CM≤2110	10.1
2110＜CM≤2280	10.6
2280＜CM≤2510	11.2
2510＜CM	11.9

五、企业平均燃料消耗量计算方法

1. 企业平均燃料消耗量（CAFC）

如式（1-1）所示，企业在某年度的企业平均燃料消耗量用该企业各车型的燃料消耗量与各车型对应的年度生产、进口或销售量乘积之和除以该企业乘用车年度生产、进口或销售总量计算得出：

$$CAFC = \frac{\sum_{1}^{N} FC_i \times V_i}{\sum_{1}^{N} V_i} \quad \cdots\cdots\cdots\cdots (1-1)$$

式中：

i——乘用车车型序号；

FC_i——第 i 个车型的燃料消耗量；

V_i——第 i 个车型的年度生产、进口或销售量。

2. 企业平均燃料消耗量目标值（T_{CAFC}）

如式（1-2）所示，企业在某年度需要达到的企业平均燃料消耗量目标值应依据车型燃料消耗量目标值，用该企业各车型燃料消耗量目标值与各车型对应年度生产、进口或销售量乘积之和除以该企业乘用车年度生产、进口或销售总量计算得出：

$$T_{CAFC} = \frac{\sum_{1}^{N} T_i \times V_i}{\sum_{1}^{N} V_i} \quad \cdots\cdots\cdots\cdots\cdots (1-2)$$

式中：

i——乘用车车型序号；

T_i——第 i 个车型对应燃料消耗量目标值；

T_{CAFC}——企业平均燃料消耗量目标值；

V_i——第 i 个车型的年度生产、进口或销售量。

六、企业平均燃料消耗量要求

自 2012 年起，各企业的企业平均燃料消耗量与企业平均燃料消耗量目标值的比值不应大于表 1-7 的要求。

表 1-7　企业平均燃料消耗量要求

年度	企业平均燃料消耗量与企业平均燃料消耗量目标值的比值
2012 年	109％
2013 年	106％
2014 年	103％
2015 年及以后	100％

GB 27999—2014 乘用车燃料消耗量评价方法及指标

一、概览

本标准代替 GB 27999—2011《乘用车燃料消耗量评价方法及指标》。与 GB 27999—2011 相比主要变化包括：扩展了标准的适用范围；增加了"循环外技术/装置"的定义；加严了车型燃料消耗量目标值；增加了新能源车辆及替代燃料车辆车型燃料消耗量的确定方法；明确将新能源车辆及替代燃料车辆纳入企业平均燃料消耗量核算范畴并规定核算方法；明确企业平均燃料消耗量应根据生产或进口量计算。

二、适用范围

本标准适用于最大设计总质量不超过 3 500 kg 的所有 M_1 类车辆，包括能够燃用汽油或柴油燃料的车辆、纯电动车辆、燃料电池车辆、插电式混合动力车辆以及燃用气体燃料的车辆。本标准不适用于仅燃用醇醚类燃料的车辆。

三、采标情况

本标准未采用国外或国际标准法规。

四、车型燃料消耗量的确定

1. 对汽油、柴油、两用燃料及双燃料乘用车，应按 GB/T 19233 确定车型燃料消耗量。

2. 对压缩天然气乘用车，应按照 GB/T 29125 在底盘测功机上模拟城市、市郊和综合循环燃料消耗量试验，确定气体燃料消耗量

并折算为汽油燃料消耗量。

3. 对液化天然气、液化石油气乘用车，应按照 GB/T 29125 在底盘测功机上模拟城市、市郊和综合循环燃料消耗量试验，确定气体燃料消耗量并折算为汽油燃料消耗量。

4. 对插电式及非插电式混合动力乘用车，应按照 GB/T 19753 确定车型燃料消耗量及电能消耗量；其电能消耗量应折算成对应的汽油或柴油燃料消耗量

5. 对纯电动乘用车，应按照 GB/T 18386 测定电能消耗量，并折算成对应的汽油燃料消耗量。

6. 对燃料电池乘用车，其燃料消耗量按零计算。

7. 对采用一种或多种循环外技术/装置的车辆，其车型燃料消耗量可相应减去一定额度，但最多不超过 0.5 L/100 km。

五、车型燃料消耗量目标值

对具有三排以下座椅的乘用车，车型燃料消耗量目标值见表 1-8。对具有三排及以上座椅的乘用车，车型燃料消耗量目标值见表 1-9。

表 1-8　具有三排以下座椅的乘用车车型燃料消耗量目标值

整车整备质量（CM）/kg	车型燃料消耗量目标值/（L/100km）
CM≤750	4.3
750＜CM≤865	4.3
865＜CM≤980	4.3
980＜CM≤1090	4.5
1090＜CM≤1205	4.7
1205＜CM≤1320	4.9
1320＜CM≤1430	5.1
1430＜CM≤1540	5.3
1540＜CM≤1660	5.5

表 1-8（续）

整车整备质量（CM）/kg	车型燃料消耗量目标值/（L/100km）
1660＜CM≤1770	5.7
1770＜CM≤1880	5.9
1880＜CM≤2000	6.2
2000＜CM≤2110	6.4
2110＜CM≤2280	6.6
2280＜CM≤2510	7.0
2510＜CM	7.3

表 1-9　具有三排及以上座椅的乘用车车型燃料消耗量目标值

整车整备质量（CM）/kg	车型燃料消耗量目标值/（L/100km）
CM≤750	4.5
750＜CM≤865	4.5
865＜CM≤980	4.5
980＜CM≤1090	4.7
1090＜CM≤1205	4.9
1205＜CM≤1320	5.1
1320＜CM≤1430	5.3
1430＜CM≤1540	5.5
1540＜CM≤1660	5.7
1660＜CM≤1770	5.9
1770＜CM≤1880	6.1
1880＜CM≤2000	6.4
2000＜CM≤2110	6.6
2110＜CM≤2280	6.8
2280＜CM≤2510	7.2
2510＜CM	7.5

六、企业平均燃料消耗量计算方法

1. 企业平均燃料消耗量（CAFC）

如式（1-3）所示，企业在某年度的企业平均燃料消耗量用该企业各车型的燃料消耗量与对应的年度生产或进口量乘积之和除以该企业乘用车年度生产或进口总量计算得出：

$$CAFC = \frac{\sum_{i=1}^{N} FC_i \times V_i}{\sum_{i=1}^{N} V_i \times W_i} \quad \cdots\cdots\cdots\cdots\cdots\cdots (1-3)$$

式中：

i——乘用车车型序号；

FC_i——第 i 个车型的燃料消耗量；

V_i——第 i 个车型的年度生产或进口量；

W_i——第 i 个车型对应的倍数。

a）对纯电动乘用车、燃料电池乘用车以及纯电动驱动模式综合工况续驶里程达到 50 km 及以上的插电式混合动力乘用车，其生产或进口量的倍数 W_i：2016—2017 年按 5 倍计算；2018—2019 年按 3 倍计算；2020 年按 2 倍计算。

b）除上述车辆外，如车型燃料消耗量不大于 2.8 L/100 km，其生产或进口量倍数 W_i：2016—2017 年按 3.5 倍计算；2018—2019 年按 2.5 倍计算；2020 年按 1.5 倍计算。

c）除以上规定的车辆外，计算企业平均燃料消耗量时 $W_i = 1$。

2. 企业平均燃料消耗量目标值（T_{CAFC}）

如式（1-4）所示，企业在某年度需要达到的企业平均燃料消耗量目标值应依据车型燃料消耗量目标值，用该企业各车型燃料消耗量目标值与各车型对应年度生产、进口或销售量乘积之和除以该企业乘用车年度生产、进口或销售总量计算得出：

$$T_{\text{CAFC}} = \frac{\sum_{i=1}^{N} T_i \times V_i}{\sum_{i=1}^{N} V_i} \quad \cdots\cdots\cdots\cdots\cdots\cdots （1-4）$$

式中：

i ——乘用车车型序号；

T_i ——第 i 个车型对应燃料消耗量目标值；

T_{CAFC} ——企业平均燃料消耗量目标值；

V_i ——第 i 个车型的年度生产、进口或销售量。

七、企业平均燃料消耗量要求

自 2016 年起，各企业的企业平均燃料消耗量与企业平均燃料消耗量目标值的比值不应大于表 1-10 的要求。

表 1-10　企业平均燃料消耗量要求

年度	企业平均燃料消耗量与企业平均燃料消耗量目标值的比值
2016 年	134%
2017 年	128%
2018 年	120%
2019 年	110%
2020 年及以后	100%

GB 20997—2007 轻型商用车辆燃料消耗量限值

一、概览

本标准是我国第一个控制商用车辆燃料消耗量的强制性国家标准。本标准不仅规定了轻型商用车辆燃料消耗量的限值，也提出了测量和记录 CO_2 排放量的要求，这为以后控制轻型商用车的 CO_2 排放量提供了基础数据。

二、适用范围

标准适用于以点燃式发动机或压燃式发动机为动力，最大设计车速大于或等于 50km/h 的 N_1 类和最大设计总质量不超过 3 500kg 的 M_2 类车辆。标准不适用于不能燃用汽油或柴油的车辆，以及带有专业作业装置的车辆（如：扫路车、洒水车、防弹运钞车等）和消防车、警车、工程抢险车、救护车等特种车辆。

三、采标情况

本标准未采用国外或国际标准法规。

四、燃料消耗量试验与计算

燃料消耗量试验按 GB/T 19233 中第 4 章、第 5 章和第 6 章的规定进行。燃料消耗量的计算按 GB/T 19233 中的第 7 章的规定进行。

五、燃料消耗量限值

轻型商用车辆燃料消耗量的限值见表 1-11、表 1-12、表 1-13 和表 1-14。对于具有下列一种或多种结构的车辆，其限值是表中限值乘以 1.05，求得的数值圆整（四舍五入）至小数点后一位：

a）N_1 类全封闭厢式车辆；

b）N_1 类罐式车辆；

c）装有自动变速器的车辆；

d）全轮驱动的车辆。

表 1－11　N_1 类汽油车辆燃料消耗量限值

最大设计总质量 M/kg	发动机排量 V/L	第一阶段限值/（L/100km）	第二阶段限值/（L/100km）
$M \leqslant 2\ 000$	全部	8.0	7.8
$2\ 000 < M \leqslant 2\ 500$	$V \leqslant 1.5$	9.0	8.1
	$1.5 < V \leqslant 2.0$	10.0	9.0
	$2.0 < V \leqslant 2.5$	11.5	10.4
	$V > 2.5$	13.5	12.5
$2\ 500 < M \leqslant 3\ 000$	$V \leqslant 2.0$	10.0	9.0
	$2.0 < V \leqslant 2.5$	12.0	10.8
	$V > 2.5$	14.0	12.6
$M > 3\ 000$	$V \leqslant 2.5$	12.5	11.3
	$2.5 < V \leqslant 3.0$	14.0	12.6
	$V > 3.0$	15.5	14.0

表 1－12　N_1 类柴油车辆燃料消耗量限值

最大设计总质量 M/kg	发动机排量 V/L	第一阶段限值/（L/100km）	第二阶段限值/（L/100km）
$M \leqslant 2\ 000$	全部	7.6	7.0
$2\ 000 < M \leqslant 2\ 500$	$V \leqslant 2.5$	8.4	8.0
	$2.5 < V \leqslant 3.0$	9.0	8.5
	$V > 3.0$	10.5	9.5

表 1-12（续）

最大设计总 质量 M/kg	发动机 排量 V/L	第一阶段 限值/（L/100km）	第二阶段 限值/（L/100km）
2 500＜M≤3 000	V≤2.5	9.5	9.0
	2.5＜V≤3.0	10.0	9.5
	V＞3.0	11.0	10.5
M＞3 000	V≤2.5	10.5	10.0
	2.5＜V≤3.0	11.0	10.5
	3.0＜V≤4.0	11.6	11.0
	V＞4.0	12.0	11.5

表 1-13 最大设计总质量不大于 3.5t 的 M₂ 类汽油车辆燃料消耗量限值

最大设计总 质量 M/kg	发动机 排量 V/L	第一阶段 限值/（L/100km）	第二阶段 限值/（L/100km）
M≤3 000	V≤2.0	10.7	9.7
	2.0＜V≤2.5	12.2	11.0
	2.5＜V≤3.0	13.5	12.2
	V＞3.0	14.5	13.1
M＞3 000	V≤2.5	12.5	11.3
	2.5＜V≤3.0	14.0	12.6
	V＞3.0	15.5	14.0

表 1-14 最大设计总质量不大于 3.5t 的 M₂ 类柴油车辆燃料消耗量限值

最大设计总 质量 M/kg	发动机 排量 V/L	第一阶段 限值/（L/100km）	第二阶段 限值/（L/100km）
M≤3 000	V≤2.5	9.4	8.5
	V＞2.5	10.5	9.5

表 1-14（续）

最大设计总 质量 M/kg	发动机 排量 V/L	第一阶段 限值/（L/100km）	第二阶段 限值/（L/100km）
M>3 000	V≤3.0	11.5	10.5
	V>3.0	12.6	11.5

六、执行日期

1. 自 2008 年 2 月 1 日起，新认证基本型车及其变型车应符合第二阶段限值要求。

2. 自 2009 年 1 月 1 日起，在 2008 年 2 月 1 日前认证车型的在生产车及其变型车应符合第一阶段限值要求。

3. 自 2011 年 1 月 1 日起，适用于本标准的所有车辆应符合第二阶段限值要求。

GB 20997—2015 轻型商用车辆燃料消耗量限值

一、概览

本标准规定了轻型商用车辆燃料消耗量的限值。本标准代替 GB 20997—2007《轻型商用车辆燃料消耗量限值》。与 GB 20997—2007 相比主要变化包括将评价参数由"最大设计总质量＋排量"改为"整车整备质量"，加严了车型燃料消耗量限值要求。

二、适用范围

本标准适用于能够燃用汽油或柴油燃料、最大设计车速大于或等于50km/h 的 N_1 类和最大设计总质量不超过 3 500kg 的 M_2 类车辆。

本标准不适用于厢式专用作业汽车、罐式专用作业汽车、专用自卸汽车、仓栅式专用作业汽车、起重举升汽车和特种结构汽车等专用作业车辆。

三、采标情况

本标准未采用国外或国际标准法规。

四、燃料消耗量试验与计算

汽油、柴油、两用燃料及双燃料车辆的燃料消耗量应按GB/T 19233进行测定。可外接充电及不可外接充电式混合动力电动汽车的燃料消耗量应按 GB/T 19753 进行测定。

五、燃料消耗量限值

轻型商用车辆燃料消耗量的限值见表 1－15、表 1－16。对于具有下列一种或多种结构的车辆，其限值是表中的限值乘以 1.05，求得的数值圆整（四舍五入）至小数点后一位：

a）N_1 类全封闭厢式车辆；

b）N_1 类罐式车辆；

c）全轮驱动的车辆。

表 1–15 N_1 类车辆燃料消耗量限值

整车整备 质量（CM）/kg	汽油车型燃料消耗量 限值/（L/100km）	柴油车型燃料消耗量 限值/（L/100km）
CM≤750	5.5	5.0
750＜CM≤865	5.8	5.2
865＜CM≤980	6.1	5.5
980＜CM≤1090	6.4	5.8
1090＜CM≤1205	6.7	6.1
1205＜CM≤1320	7.1	6.4
1320＜CM≤1430	7.5	6.7
1430＜CM≤1540	7.9	7.0
1540＜CM≤1660	8.3	7.3
1660＜CM≤1770	8.7	7.6
1770＜CM≤1880	9.1	7.9
1880＜CM≤2000	9.6	8.3
2000＜CM≤2110	10.1	8.7
2110＜CM≤2280	10.6	9.1
2280＜CM≤2510	11.1	9.5
2510＜CM	11.7	10.0

表1-16　最大设计总质量不大于3 500 kg的M₂类车辆燃料消耗量限值

整车整备 质量（CM）/kg	汽油车型燃料消耗量 限值/（L/100km）	柴油车型燃料消耗量 限值/（L/100km）
CM≤750	5.0	4.7
750＜CM≤865	5.4	5.0
865＜CM≤980	5.8	5.3
980＜CM≤1090	6.2	5.6
1090＜CM≤1205	6.6	5.9
1205＜CM≤1320	7.0	6.2
1320＜CM≤1430	7.4	6.5
1430＜CM≤1540	7.8	6.8
1540＜CM≤1660	8.2	7.1
1660＜CM≤1770	8.6	7.4
1770＜CM≤1880	9.0	7.7
1880＜CM≤2000	9.5	8.0
2000＜CM≤2110	10.0	8.4
2110＜CM≤2280	10.5	8.8
2280＜CM≤2510	11.0	9.2
2510＜CM	11.5	9.6

六、执行日期

对新认证车，执行日期为2018年1月1日；

对在生产车，执行日期为2020年1月1日。

GB 22757—2008 轻型汽车燃料消耗量标识

一、概览

本标准是我国汽车行业第一项以服务消费者为主要目的的强制性国家标准。标准根据我国汽车节能管理需要和消费者需求，规定了轻型汽车燃料消耗量标识的内容、格式、材质和粘贴要求。

工业和信息化部在标准发布以后，会同相关部门制定发布了《轻型汽车燃料消耗量标示管理规定》，建立汽车燃料消耗量标识备案制度，定期通告备案车型的燃料消耗量信息。

二、适用范围

本标准适用于能够燃用汽油或柴油燃料的、最大设计总质量不超过 3 500kg 的 M_1、M_2 类和 N_1 类车辆，不适用于混合动力电动汽车及可燃用其他单燃料的车辆。

三、采标情况

本标准未采用国外或国际标准法规。

四、标识的内容

标识至少应包含下列信息：

a）生产企业；

b）车辆型号；

c）发动机型号、排量、额定功率，其中，排量单位为 mL，额定功率单位为 kW；

d）燃料类型，如汽油、柴油等；

e）变速器类型，如手动、自动，或 MT、AT、AMT、CVT 等；

f）驱动型式，如前驱、后驱、全轮驱动等；

g）整车整备质量、最大设计总质量，单位为 kg；

h）市区、市郊和综合燃料消耗量，单位为 L/100km；

i）适用的燃料消耗量限值标准、标准规定的各阶段限值的实施日期和对应的燃料消耗量限值，单位为 L/100km；

j）标识的燃料消耗量与实际燃料消耗量差别的说明；

k）标识启用日期以及政府主管部门规定的附加信息等其他信息。

五、燃料消耗量数据

燃料消耗量数据是指按照 GB/T 19233 测定的市区、市郊和综合燃料消耗量。燃料消耗量数据应精确到一位小数。

六、标识的要求

1. 功能区划分。
2. 标识的规格和图案要求。
3. 标识的材质。
4. 标识的粘贴。

七、标识的样式

标识由"标题区""信息区""说明区"和"附加信息区"4 个功能区组成，如图 1-1 所示。

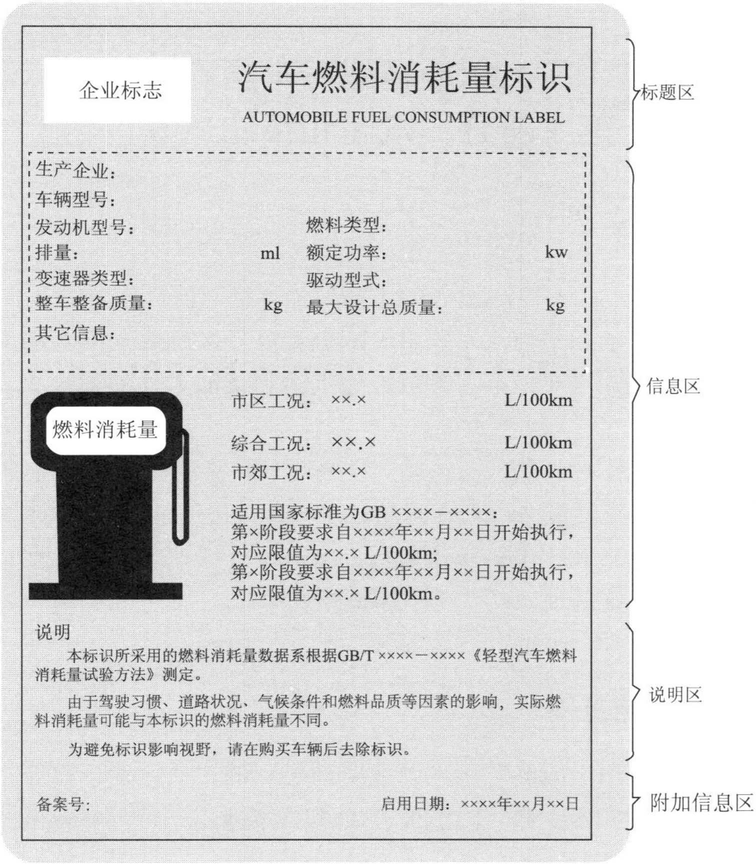

企业标志	汽车燃料消耗量标识	标题区
	AUTOMOBILE FUEL CONSUMPTION LABEL	

生产企业：
车辆型号：
发动机型号：　　　　　　　燃料类型：
排量：　　　　　ml　　额定功率：　　　　kw
变速器类型：　　　　　　　驱动型式：
整车整备质量：　　kg　最大设计总质量：　　kg
其它信息：

燃料消耗量

市区工况：　××.×　　　　　　L/100km
综合工况：　××.×　　　　　　L/100km
市郊工况：　××.×　　　　　　L/100km

适用国家标准为GB ××××－××××；
第×阶段要求自××××年××月××日开始执行，
对应限值为××.× L/100km;
第×阶段要求自××××年××月××日开始执行，
对应限值为××.× L/100km。

信息区

说明
　　本标识所采用的燃料消耗量数据系根据GB/T ××××－×××× 《轻型汽车燃料消耗量试验方法》测定。
　　由于驾驶习惯、道路状况、气候条件和燃料品质等因素的影响，实际燃料消耗量可能与本标识的燃料消耗量不同。
　　为避免标识影响视野，请在购买车辆后去除标识。

说明区

备案号：　　　　　　　　　启用日期：××××年××月××日

附加信息区

图 1-1　燃料消耗量标识示意图

GB 22757.1—XXXX 轻型汽车能源消耗量标识 第1部分：汽油和柴油汽车

一、概览

修订后的 GB 22757《轻型汽车能源消耗量标识》分为三个部分：第1部分：汽油和柴油汽车；第2部分：可外接充电式混合动力电动汽车和纯电动汽车；第3部分：除汽油和柴油车外的其他单一燃料类型汽车。

本部分代替 GB 22757—2008《轻型汽车燃料消耗量标识》，规定了汽车能源消耗量标识的内容、格式、材质和粘贴要求。与 GB 22757—2008 相比主要变化包括：增加了连续比较信息；增加了与限值对比情况的说明；变更了标识外观样式。

目前该标准已报批。

二、适用范围

本部分适用于能够燃用汽油或柴油燃料的、最大设计总质量不超过 3500kg 的 M_1、M_2 类和 N_1 类车辆，不适用于可外接充电式混合动力汽车、纯电动汽车及仅可燃用其他单燃料的车辆。

三、采标情况

本标准未采用国外或国际标准法规。

四、标识的内容

标识至少应包含下列信息：

a）生产企业；

b）车辆型号；

c) 发动机型号、排量、最大净功率，其中，排量单位为 mL，最大净功率单位为 kW；

d) 能源种类，如汽油、柴油、两用燃料、双燃料、不可外接充电式混合动力等；

e) 变速器类型，如手动、自动、无级变速、双离合，或 MT、AT、AMT、CVT、DCT 等；

f) 驱动型式，如前轮驱动、后轮驱动、分时四轮驱动、适时四轮驱动、全时全轮驱动等；

g) 整车整备质量、最大设计总质量，单位为 kg；

h) 市区、市郊和综合工况燃料消耗量，单位为 L/100km；

i) 车辆综合工况燃料消耗量的连续比较信息；

j) 车辆综合工况燃料消耗量与燃料消耗量限值的比较信息；

k) 标识的燃料消耗量与实际燃料消耗量差别的说明；

l) 标识启用日期以及政府主管部门规定的附加信息等其他信息。

五、燃料消耗量数据

对汽油、柴油、两用燃料及双燃料汽车，燃料消耗量数据是指按照 GB/T 19233 测定的市区、市郊和综合工况燃料消耗量；对不可外接充电式混合动力汽车，燃料消耗量数据是指按照 GB/T 19753 测定的市区、市郊和综合工况燃料消耗量。燃料消耗量数据应圆整（四舍五入）至小数点后一位。

六、标识的要求

1. 功能区划分。

2. 标识的规格和图案要求。

3. 标识的材质。

4. 标识的粘贴。

七、标识的样式

标识由"标题区""信息区""说明区"和"附加信息区"4 个功能区组成，如图 1 - 2 所示。

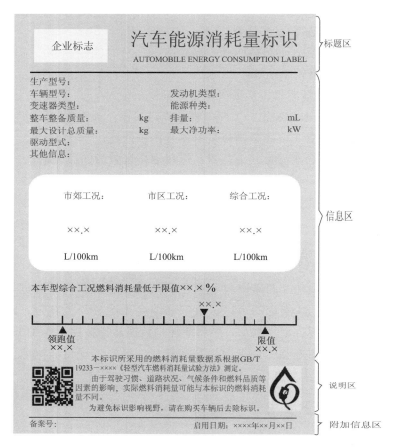

图 1 - 2 能源消耗量标识示意图

GB 22757.2—XXXX 轻型汽车能源消耗量标识第 2 部分：可外接充电式混合动力电动汽车和纯电动汽车

一、概览

修订后的 GB 22757《轻型汽车能源消耗量标识》分为三个部分：第 1 部分：汽油和柴油汽车；第 2 部分：可外接充电式混合动力电动汽车和纯电动汽车；第 3 部分：除汽油和柴油车外的其他单一燃料类型汽车。

本部分规定了可外接充电式混合动力电动汽车和纯电动汽车能源消耗量标识的内容、格式、材质和粘贴要求。

目前该标准已报批。

二、适用范围

本部分仅适用于最大设计总质量不超过 3 500kg 的 M_1、M_2 类和 N_1 类的可外接充电式混合动力电动汽车和纯电动汽车。

三、采标情况

本标准未采用国外或国际标准法规。

四、标识的内容

1. 对于纯电动汽车，标识至少应包含下列信息：

a）生产企业；

b）车辆型号；

c）能源种类：纯电动；

d）驱动电机峰值功率，单位为 kW；

e）整车整备质量、最大设计总质量，单位为 kg；

f）电能消耗量，单位为 kW·h/100 km；

g）电能当量燃料消耗量，单位为 L/100 km；

h）续驶里程，单位为 km；

i）标识的电能消耗量与实际电能消耗量差别的说明；

j）标识启用日期以及政府主管部门规定的附加信息等其他信息。

2. 对于可外接充电式混合动力电动汽车，标识至少应包含下列信息：

a）生产企业；

b）车辆型号；

c）发动机型号、排量、最大净功率，其中，排量单位为 mL，最大净功率单位为 kW；

d）驱动电机峰值功率，单位为 kW；

e）能源种类：可外接充电式混合动力（汽油/电）、可外接充电式混合动力（柴油/电）……；

f）变速器类型（如有），如手动、自动、无级变速、双离合或 MT、AT、AMT、CVT、DCT 等；

g）整车整备质量、最大设计总质量，单位为 kg；

h）燃料消耗量，单位为 L/100km；

i）电能消耗量，单位为 kW·h/100km；

j）电能当量燃料消耗量，单位为 L/100 km；

k）最低荷电状态下的燃料消耗量，单位为 L/100 km；

l）纯电动续驶里程，单位为 km；

m）标识的能源消耗量与实际能源消耗量差别的说明；

n）标识启用日期以及政府主管部门规定的附加信息等其他信息。

五、能源消耗量数据

1. 纯电动汽车

电能消耗量是指按照 GB/T 18386 中工况法测定的能量消耗率。

续驶里程是指按照 GB/T 18386 中工况法测定的续驶里程。

2. 可外接充电式混合动力电动汽车

燃料消耗量是指按照 GB/T 19753—2013 中 7.1.4 或 7.2.5 规定的计算方法得出的燃料消耗量加权平均值。电能消耗量是指按照 GB/T 19753—2013 中 7.1.4 或 7.2.5 规定的计算方法得出的电能消耗量加权平均值。最低荷电状态下的燃料消耗量是指按照 GB/T 19753—2013 中 7.1.3 或 7.2.4 规定的方法测定的燃料消耗量。纯电动续驶里程是指按照 GB/T 19753—2013 中附录 B 规定的试验方法测定的纯电动续驶里程。电能消耗量和燃料消耗量数据应圆整（四舍五入）至小数点后一位；续驶里程数据应圆整（四舍五入）至整数位。

六、标识的要求

1. 功能区划分。
2. 标识的规格和图案要求。
3. 标识的材质。
4. 标识的粘贴。

七、标识的样式

标识由"标题区""信息区""说明区"和"附加信息区"4 个功能区组成，如图 1-3 和图 1-4 所示。

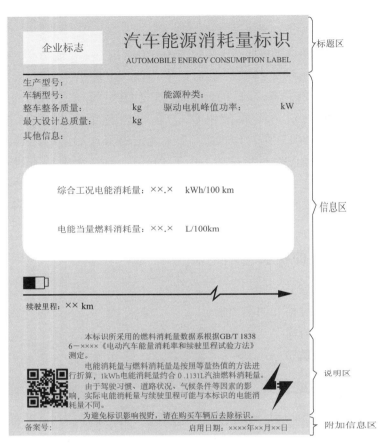

图1-3 纯电动汽车标识各功能区分布示意图

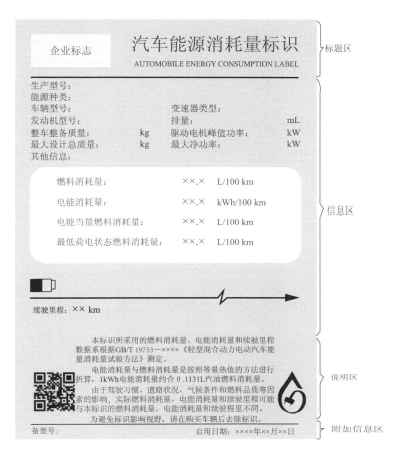

图 1-4 可外接充电式混合动力电动汽车
标识各功能区分布示意图

第二章

重型汽车

GB/T 27840—2011 重型商用车辆 燃料消耗量测量方法

一、概览

本标准规定了重型商用车辆燃料消耗量的测量方法，包括底盘测功机法和模拟计算法两种试验方案，同时对行驶循环和行驶阻力测定方法进行了规定。

二、适用范围

本标准适用于最大设计总质量大于 3 500kg 的燃用汽油和柴油的商用车辆。

三、采标情况

本标准未采用国外或国际标准法规。

四、试验循环及特征里程分配系数

标准以世界重型商用车辆瞬态循环（WTVC，World Transient Vehicle Cycle）为基础，调整加速度和减速度形成了 C - WTVC 驾驶循环，循环曲线见图 2 - 1，数据统计特征见表 2 - 1，C - WTVC 特征里程分配比例见表 2 - 2。

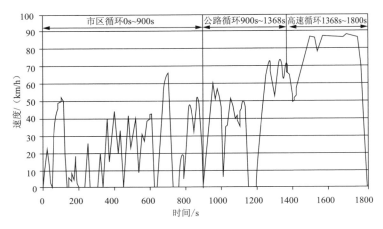

图 2‑1 重型商用车 C‑WTVC 循环曲线

表 2‑1 重型商用车 C‑WTVC 循环数据统计特征

工况	运行时间 s	怠速时间 s	运行距离 km	最高速度 km/h	平均速度 km/h	最大加速度 m/s²	最大减速度 m/s²	里程比例 %
市区部分	900	150	5.730	66.2	22.895	0.917	1.033	27.94
公路部分	468	30	5.687	73.5	43.746	0.833	1.000	27.73
高速部分	432	6	9.093	87.8	75.772	0.389	0.967	44.33
C‑WTVC循环	1800	186	20.510	87.8	40.997	0.917	1.033	100.00

表 2‑2 重型商用车 C‑WTVC 循环特征里程分配比例

车辆类型	最大设计总质量 GCW/GVW/kg	市区比例 $D_{市区}$	公路比例 $D_{公路}$	高速比例 $D_{高速}$
半挂牵引车	9 000＜GCW≤27 000	0	40%	60%
	GCW＞27 000	0	10%	90%
自卸汽车	GVW＞3 500	0	100%	0

表 2-2（续）

车辆类型	最大设计总质量 GCW/GVW/kg	市区比例 $D_{市区}$	公路比例 $D_{公路}$	高速比例 $D_{高速}$
货车 （不含自卸汽车）	3 500＜GVW≤5 500	40％	40％	20％
	5 500＜GVW≤12 500	10％	60％	30％
	12 500＜GVW≤25 000	10％	40％	50％
	GVW＞25 000	10％	30％	60％
城市客车	GVW＞3 500	100％	0	0
客车 （不含城市客车）	3 500＜GVW≤5 500	50％	25％	25％
	5 500＜GVW≤12 500	20％	30％	50％
	GVW＞12 500	10％	20％	70％

五、试验方案

标准规定了底盘测功机法及模拟计算法两种方法确定燃料消耗量，如图 2-2 所示。其中，基本型车辆应采用底盘测功机法确定燃料消耗量，并在试验报告中注明为基本型。变型车辆可由车辆生产企业选择采用底盘测功机法或模拟计算法确定燃料消耗量，在相应试验报告中注明其基本型并提交基本型车辆的燃料消耗量试验报告。

1. 底盘测功机法

试验过程中，调整底盘测功机并按规定进行阻力设定，车辆载荷状态应确保车辆在试验过程中不打滑。由驾驶员根据车辆特点选择相应档位，换档策略由车辆生产企业和试验机构共同确定。车辆实际运行状态应尽量与 C-WTVC 循环一致。车辆试验至少应运行三个完整的 C-WTVC 循环，并在每个完整的 C-WTVC 循环结束后分别记录试验结果。

2. 模拟计算法

模拟计算法以汽车发动机万有特性试验数据为基础，将整车、变速器、轮胎等关键参数输入计算机程序，通过计算机程序模拟试

验车辆在 C - WTVC 循环下的运行状态, 计算试验车辆的燃料消耗量。模拟计算软件主界面见图 2 - 3。

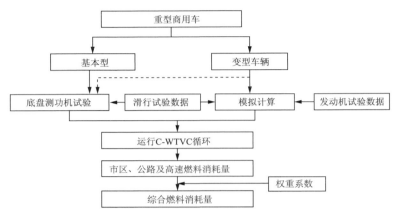

图 2 - 2　标准试验方案框架

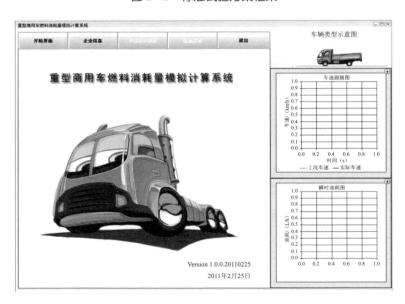

图 2 - 3　模拟计算软件主界面

六、行驶阻力的测定

行驶阻力是底盘测功机法及模拟计算法的基础，标准规定了滑行能量变化法和等速下扭矩测量法两种行驶阻力测定方法。对于滑行能量变化法，由于重型车质量跨度范围较大、滑行试验条件要求非常苛刻，标准规定了采取分段滑行、拟和处理的方式。无特殊规定时，应使试验车辆处于最大设计总质量状态，将车辆加速至表 2-3 规定车速（v）以上，将变速器置于"空挡"位置进行滑行直至车速小于 15km/h。

表 2-3　行驶阻力测定车速　单位为千米每小时

车辆类别	规定车速 v
半挂牵引车	90
自卸汽车	75
货车	90
客车	100
城市客车	70

GB/T 27840—2011 发布后，为解决道路滑行试验量过多的问题，进一步研究并确定了行驶阻力系数推荐方案。货车、半挂牵引车、自卸汽车、客车及城市客车行驶阻力系数推荐值见表 2-4～表 2-8。

表 2-4　货车行驶阻力系数推荐值

最大设计总质量 GVW/kg	常数项 A	一次项系数 B	二次项系数 C
3500	477.5	2.00	0.102
4500	540.5	2.53	0.109
5500	603.4	3.06	0.115
7000	697.9	3.86	0.125

表 2-4（续）

最大设计总质量 GVW/kg	常数项 A	一次项系数 B	二次项系数 C
8500	792.3	4.65	0.135
10500	918.2	5.72	0.148
12500	1044.1	6.78	0.161
16000	1264.4	8.64	0.184
20000	1516.2	10.77	0.210
25000	1830.9	13.43	0.242
31000	2208.6	16.62	0.281

表 2-5　半挂牵引车行驶阻力系数推荐值

最大设计总质量 GCW/kg	常数项 A	一次项系数 B	二次项系数 C
18000	1638.3	0.01	0.246
27000	1960.3	5.15	0.246
35000	2246.5	11.44	0.246
40000	2425.3	15.37	0.246
43000	2532.6	17.73	0.256
46000	2640.0	20.09	0.266
49000	2747.3	22.45	0.276

表 2-6　自卸汽车行驶阻力系数推荐值

最大设计总质量 GVW/kg	常数项 A	一次项系数 B	二次项系数 C
3500	309.2	0.62	0.241
4500	372.8	1.23	0.241
5500	436.5	1.84	0.241
7000	531.9	2.75	0.242

表 2-6（续）

最大设计总质量 GVW/kg	常数项 A	一次项系数 B	二次项系数 C
8500	627.3	3.67	0.242
10500	754.6	4.89	0.243
12500	881.9	6.11	0.243
16000	1104.6	8.25	0.244
20000	1359.1	10.69	0.245
25000	1677.2	13.74	0.246
31000	2059.0	17.40	0.248

表 2-7 客车行驶阻力系数推荐值

最大设计总质量 GVW/kg	常数项 A	一次项系数 B	二次项系数 C
3500	450.9	2.29	0.115
4500	481.0	2.66	0.119
5500	511.0	3.02	0.123
7000	556.1	3.57	0.129
8500	601.1	4.12	0.134
10500	661.2	4.85	0.142
12500	721.3	5.58	0.150
14500	781.4	6.32	0.158
16500	841.5	7.05	0.165
18000	886.5	7.60	0.171
22000	1006.7	9.06	0.187
25000	1096.8	10.16	0.198

表 2-8 城市客车行驶阻力系数推荐值

最大设计总质量 GVW/kg	常数项 A	一次项系数 B	二次项系数 C
3500	432.9	2.67	0.113

表2-8（续）

最大设计总质量 GVW/kg	常数项 A	一次项系数 B	二次项系数 C
4500	473.2	2.79	0.120
5500	513.6	2.91	0.127
7000	574.1	3.10	0.138
8500	634.6	3.28	0.148
10500	715.2	3.53	0.162
12500	795.9	3.78	0.176
14500	876.6	4.02	0.190
16500	957.3	4.27	0.204
18000	1017.8	4.46	0.214
22000	1179.1	4.95	0.242
25000	1300.1	5.32	0.263

除表2-4～表2-8中规定的最大设计总质量的行驶阻力系数外，其他质量车型可插值计算相应的 A、B、C 系数推荐值。

七、综合燃料消耗量计算

根据底盘测功机法或模拟计算法得到的市区、公路和高速工况的燃料消耗量，对照该车型市区、公路和高速部分的特征里程分配比例，按式（2-1）可以加权计算该车型的综合燃料消耗量。

$$FC_{综合} = FC_{市区} \times D_{市区} + FC_{公路} \times$$
$$D_{公路} + FC_{高速} \times D_{高速} \cdots\cdots\cdots\cdots (2-1)$$

式中：

$FC_{综合}$——一个完整的 C-WTVC 循环的综合燃料消耗量，
　　　　　L/100km；

$FC_{市区}$——市区燃料消耗量，L/100km；

$FC_{公路}$——公路燃料消耗量，L/100km；

$FC_{高速}$——高速公路燃料消耗量，L/100km；

$D_{市区}$——市区里程分配比例系数，%；

$D_{公路}$——公路里程分配比例系数，%；

$D_{高速}$——高速公路里程分配比例系数，%。

QC/T 924—2011 重型商用车辆燃料消耗量限值（第一阶段）

一、概览

本标准规定了重型商用车辆燃料消耗量限值。作为我国重型商用车节能管理的第一步，标准首先考虑了产销量及保有量较大、燃料消耗总量较高、评价方法成熟的货车、客车及半挂牵引车三类车型作为行业标准的适用车型。

二、适用范围

本标准适用于最大设计总质量大于 3500kg 的燃用汽油和柴油的商用车辆，包括货车、半挂牵引车及客车。本标准不适用于自卸汽车、城市客车、厢式专用作业汽车、罐式专用作业汽车、专用自卸作业汽车、仓栅式专用作业汽车、起重举升专用作业汽车及特种结构专用作业汽车。

三、采标情况

本标准未采用国外或国际标准法规。

四、燃料消耗量试验与计算

车型综合工况燃料消耗量按照 GB/T 27840—2011 进行试验和计算。

五、燃料消耗量限值

燃料消耗量值见表 2-9～表 2-11。

表2-9　货车（不含自卸汽车）燃料消耗量限值

最大设计总质量 GVW/kg	燃料消耗量限值/（L/100km）
3 500＜GVW≤4 500	15.5[a]
4 500＜GVW≤5 500	16.5[a]
5 500＜GVW≤7 000	18.5
7 000＜GVW≤8 500	22.0[a]
8 500＜GVW≤10 500	24.0[a]
10 500＜GVW≤12 500	28.0[a]
12 500＜GVW≤16 000	31.0
16 000＜GVW≤20 000	35.0
20 000＜GVW≤25 000	41.0
25 000＜GVW≤31 000	47.5
31 000＜GVW	50.0

[a] 对于汽油车，其限值是表中相应限值乘以1.3，求得的数值圆整（四舍五入）至小数点后一位。

表2-10　半挂牵引车燃料消耗量限值

最大设计总质量 GCW/kg	燃料消耗量限值/（L/100km）
GCW≤18 000	38.0
18 000＜GCW≤27 000	42.0
27 000＜GCW≤35 000	45.0
35 000＜GCW≤40 000	47.0
40 000＜GCW≤43 000	49.0
43 000＜GCW≤46 000	51.5
46 000＜GCW≤49 000	54.0
49 000＜GCW	56.0

表 2‑11　客车（不含城市客车）燃料消耗量限值

最大设计总质量 GVW/kg	燃料消耗量限值/（L/100km）
3 500＜GVW≤4 500	14.0[a]
4 500＜GVW≤5 500	15.5[a]
5 500＜GVW≤7 000	17.0
7 000＜GVW≤8 500	19.0
8 500＜GVW≤10 500	21.0
10 500＜GVW≤12 500	22.5
12 500＜GVW≤14 500	23.5
14 500＜GVW≤16 500	25.0
16 500＜GVW≤18 000	26.0
18 000＜GVW≤22 000	27.5
22 000＜GVW≤25 000	30.0
25 000＜GVW	33.0

[a] 对于汽油车，其限值是表中相应限值乘以 1.3，求得的数值圆整（四舍五入）至小数点后一位。

六、执行日期

1. 对于新认证车型，执行日期为 2012 年 7 月 1 日。
2. 对于在生产车型，执行日期为 2014 年 7 月 1 日。

GB 30510—2014 重型商用车辆燃料消耗量限值

一、概览

本标准规定了重型商用车辆燃料消耗量限值。标准在 QC/T 924—2011 的基础上将适用车型范围扩展到自卸汽车和城市客车，同时货车、半挂牵引车和客车燃料消耗量限值在 QC/T 924—2011 基础上平均加严了 10.5％～14％。

二、适用范围

本标准适用于最大设计总质量大于 3500kg 的燃用汽油和柴油的商用车辆，包括货车、半挂牵引车、客车、自卸汽车和城市客车。本标准不适用于专用作业汽车，包括厢式专用作业汽车、罐式专用作业汽车、专用自卸作业汽车、仓栅式专用作业汽车、起重举升专用作业汽车及特种结构专用作业汽车等。

三、采标情况

本标准未采用国外或国际标准法规。

四、燃料消耗量试验与计算

车型综合工况燃料消耗量按照 GB/T 27840—2011 进行试验和计算。

五、燃料消耗量限值

燃料消耗量限值见表 2-12～表 2-16。

表 2 - 12　货车燃料消耗量限值

最大设计总质量 GVW/kg	燃料消耗量限值/（L/100km）
3 500＜GVW≤4 500	13.0ᵃ
4 500＜GVW≤5 500	14.0ᵃ
5 500＜GVW≤7 000	16.0
7 000＜GVW≤8 500	19.0ᵃ
8 500＜GVW≤10 500	21.5ᵃ
10 500＜GVW≤12 500	25.0ᵃ
12 500＜GVW≤16 000	28.0
16 000＜GVW≤20 000	31.5
20 000＜GVW≤25 000	37.5
25 000＜GVW≤31 000	43.0
31 000＜GVW	45.5

ᵃ 对于汽油车，其限值是表中相应限值乘以 1.2，求得的数值圆整（四舍五入）至小数点后一位。

表 2 - 13　半挂牵引车燃料消耗量限值

最大设计总质量 GCW/kg	燃料消耗量限值/（L/100km）
GCW≤18 000	33.0
18 000＜GCW≤27 000	36.0
27 000＜GCW≤35 000	38.0
35 000＜GCW≤40 000	40.0
40 000＜GCW≤43 000	42.0
43 000＜GCW≤46 000	45.0
46 000＜GCW≤49 000	47.0
49 000＜GCW	48.0

表 2 - 14　客车燃料消耗量限值

最大设计总质量 GVW/kg	燃料消耗量限值/（L/100km）
3 500＜GVW≤4 500	12.5[a]
4 500＜GVW≤5 500	13.5[a]
5 500＜GVW≤7 000	15.0[a]
7 000＜GVW≤8 500	16.5
8 500＜GVW≤10 500	18.5
10 500＜GVW≤12 500	20.0
12 500＜GVW≤14 500	21.5
14 500＜GVW≤16 500	22.5
16 500＜GVW≤18 000	24.0
18 000＜GVW≤22 000	25.0
22 000＜GVW≤25 000	27.5
25 000＜GVW	29.5

[a] 对于汽油车，其限值是表中相应限值乘以 1.2，求得的数值圆整（四舍五入）至小数点后一位。

表 2 - 15　自卸汽车燃料消耗量限值

最大设计总质量 GVW/kg	燃料消耗量限值/（L/100km）
3 500＜GVW≤4 500	15.0
4 500＜GVW≤5 500	16.0
5 500＜GVW≤7 000	17.5
7 000＜GVW≤8 500	20.5
8 500＜GVW≤10 500	23.0
10 500＜GVW≤12 500	25.5
12 500＜GVW≤16 000	28.0

表 2－15（续）

最大设计总质量 GVW/kg	燃料消耗量限值/（L/100km）
16 000＜GVW≤20 000	34.0
20 000＜GVW≤25 000	43.5
25 000＜GVW≤31 000	47.0
31 000＜GVW	49.0

表 2－16　城市客车燃料消耗量限值

最大设计总质量 GVW/kg	燃料消耗量限值/（L/100km）
3 500＜GVW≤4 500	14.0
24 500＜GVW≤5 500	15.5
5 500＜GVW≤7 000	17.5
7 000＜GVW≤8 500	19.5
8 500＜GVW≤10 500	22.5
10 500＜GVW≤12 500	26.0
12 500＜GVW≤14 500	30.5
14 500＜GVW≤16 500	34.0
16 500＜GVW≤18 000	37.5
18 000＜GVW≤22 000	41.0
22 000＜GVW≤25 000	45.5
25 000＜GVW	49.0

六、标准实施过渡期

1. 对于新申请型式批准车型，自 2014 年 7 月 1 日起实施。

2. 对于在生产车型，自 2015 年 7 月 1 日起实施。

第三章

新能源汽车

GB/T 29125—2012 压缩天然气汽车燃料消耗量试验方法

一、概览

本标准规定了以压缩天然气（CNG）为燃料的乘用车和商用车天然气燃料消耗量试验方法。

二、适用范围

本标准适用于压缩天然气单一气体燃料乘用车和商用车天然气燃料消耗量试验，并适用于压缩天然气两用燃料乘用车和商用车的天然气燃料消耗量试验。装用压缩天然气单一燃料发动机或两用燃料发动机的其他类型车辆的天然气燃料消耗量试验可参照本标准执行。

三、采标情况

本标准参考了联合国欧洲经济委员会（ECE）2005 年 4 月 4 日生效的 ECE R101－02 法规中关于天然气消耗量部分的技术内容。

四、试验项目

可根据试验目的选择所需试验项目。各类车型试验项目见表 3－1。

表 3－1　试验项目和试验方法

车　型	试验项目	试验方法
M_1 类、最大设计总质量不超过 3500kg 的 M_2 类和 N_1 类	模拟城市、市郊和综合循环燃料消耗量试验	按 GB/T 19233 规定

表 3-1（续）

车　型	试验项目	试验方法
M₁ 类、最大设计总质量不超过 3500kg 的 M₂ 类和 N₁ 类	90 km/h 等速行驶燃料消耗量试验	按 GB/T 12545.1 规定
	120 km/h 等速行驶燃料消耗量试验	按 GB/T 12545.1 规定
最大设计总质量超过 3500kg 的 M₂ 类、M₃ 类和 N₂ 类、N₃ 类	等速行驶燃料消耗量试验	按 GB/T 12545.2 规定
	商用车辆燃料消耗量试验	按 GB/T 27840 规定

五、试验方法

1. 试验一般要求应符合 GB/T 12534 规定。各试验项目的试验方法应符合上表规定。

2. 天然气燃料消耗量的测量可采用流量计实测法或碳平衡计算法。如采用流量计测量天然气消耗量，应同时测量记录行驶时间和行驶距离；采用体积流量计测量天然气消耗量的同时，应测量流量计入口或出口的温度和压力，以修正燃料流量；采用碳平衡法时，应按相关标准要求测量 CO_2、CO 和 THC（或 CH_4 和 NMHC）等排放量。

六、采用汽油起动的压缩天然气汽车试验

对采用汽油起动再切换至气体燃料运行的压缩天然气单一气体燃料和两用燃料汽车，制造企业应提供发动机起动过程的控制策略。

1. 当采用碳平衡法时，如果发动机从汽油起动至切换为气体燃料运行的时间不大于 60s，则可依据按 GB/T 19233 或 GB/T 27840 要求所测得的 CO、CO_2 和 THC（或 CH_4＋NMHC）的排放量计算得出天然气消耗量。

2. 当采用天然气流量计测量时，应将起动过程的汽油消耗量换

算为天然气消耗量，并计入天然气总消耗量。

七、燃料消耗量换算方法

天然气燃料汽车的燃料消耗量一般用 $m^3/100km$ 表示，而汽油或柴油等液体燃料汽车燃料消耗量一般用 $L/100km$ 表示，标准通过基准状态下天然气燃料与液体燃料低位发热量的等价关系建立天然气燃料消耗量与汽、柴油等液体燃料消耗量的换算关系。

将天然气燃料汽车的燃料消耗量换算为液体燃料消耗量时，可采用式（3-1）计算：

$$FC_{NG-L} = \frac{H_{NG.low}}{H_{L.low} \times d_L} \times FC_{NG} \quad \cdots\cdots\cdots\cdots (3-1)$$

式中：

FC_{NG-L}——天然气燃料消耗量换算的当量液体燃料消耗量，$L/100km$；

FC_{NG}——天然气燃料消耗量（15℃、101.325kPa），$m^3/100km$；

$H_{NG.low}$——天然气基准状态（15℃、101.325kPa）低位发热量，MJ/m^3；

$H_{L.low}$——液体燃料基准状态（15℃、101.325kPa）低位发热量，MJ/kg；

d_L——液体燃料在基准状态下（15℃、101.325kPa）的密度，kg/L。

GB/T 18386—2005 电动汽车　能量消耗率和续驶里程试验方法

一、概览

本标准规定了纯电动汽车的能量消耗率和续驶里程的试验方法。

二、适用范围

本标准适用于纯电动汽车。电动正三轮摩托车可参照执行。

三、采标情况

本标准修改采用 ISO 8714：2002《电动道路车辆 能量消耗率和续驶里程 乘用车和轻型商用车》（英文版），考虑到我国电动汽车开发的实际情况，在采用 ISO 8714：2002 时，本标准在技术内容上做了一些修改。

四、试验总则

标准中描述了用 km 表示的续驶里程和用 W·h/km 表示的从电网上得到的能量消耗率的试验方法。确定能量消耗率和续驶里程应该使用相同的试验程序，试验程序包括以下 4 个步骤：

a）对动力蓄电池进行初次充电，测量来自电网的能量；

b）进行工况或等速条件下的续驶里程试验；

c）试验后再次为动力蓄电池充电，测量来自电网的能量；

d）计算能量消耗率。

在每两个步骤执行之间，如果车辆需要移动，不允许使用车上的动力将车辆移动到下一个试验地点（不允许使用制动能量回收）。

五、结束试验循环的标准

1. 当车载仪器给出驾驶员停车指示时，应停止试验；或

2. 进行工况试验循环，在车速小于等于 70km/h 时，不能满足规定的公差要求时，应停止试验；在车速大于 70km/h 时，将加速踏板踩到底，允许超过规定公差范围，但总时间不应超过 4 s。

3. 进行等速试验时，当车辆的行驶速度达不到 54km/h（M_1、N_1 类车）或 36km/h（M_1、N_1 类以外的纯电动汽车）时停止试验。

六、工况法

工况法适用于 M_1、N_1 类车。在底盘测功机上进行附录 A 规定的工况循环试验，直到达到标准规定的结束标准时停车。除非有其他的规定，工况试验循环期间的停车不允许超过 3 次（工况循环外停车），总的停车时间累计不超过 15min。

在工况试验循环结束时，记录试验车辆驶过的距离 D，用 km 来表示，测量值按四舍五入圆整到整数，该距离即为工况法测量的续驶里程。同时记录用小时（h）和分钟（min）表示的所用时间。应该在报告中给出工况试验循环期间车辆所达到的最高车速、平均车速和行驶时间（h 和 min）。

七、等速法

M_1、N_1 类车在道路上进行（60±2）km/h 的等速试验，M_1、N_1 类以外的纯电动汽车在道路上进行（40±2）km/h 的等速试验。试验过程中允许停车两次，每次停车时间不允许超过 2 min，当车辆的行驶速度达到标准规定的要求时停止试验。

记录试验期间试验车辆的停车次数和停车时间。试验结束后，记录试验车辆驶过的距离 D，用 km 来表示，测量值按四舍五入圆整到整数，该距离即为工况法测量的续驶里程。同时记录用小时（h）和分钟（min）表示的所用时间。

八、能量消耗率的计算

使用式（3-2）计算能量消耗率 C，用 Wh/km 表示，并圆整到整数：

$$C = \frac{E}{D} \quad\cdots\cdots\cdots\cdots\cdots\cdots\cdots\cdots\cdots\cdots\cdots\cdots（3-2）$$

式中：

E——充电期间来自电网的能量，单位为瓦时（W·h）；

D——试验期间行驶的总距离即续驶里程，单位为千米（km）。

GB/T 19753—2013 轻型混合动力电动汽车能量消耗量试验方法

一、概览

本标准规定了装用点燃式发动机或装用压燃式发动机的轻型混合动力电动汽车能量消耗量的试验方法。

二、适用范围

本标准适用于装用点燃式发动机或压燃式发动机的、最大总质量不超过 3.5t 的 M_1 类、M_2 类和 N_1 类混合动力电动汽车。

三、采标情况

标准参照联合国欧洲经济委员会（ECE）2009 年 11 月 9 日提出的 ECE R 101. 修订 2-修改 2-附录 8 中"关于混合动力电动汽车能量消耗量试验方法"方面的部分技术内容。

四、混合动力电动汽车分类

本标准中按照储能装置是否需要外接充电、车辆是否具有行驶模式手动选择功能，如表 3-2 所示将混合动力电动汽车按充电方式分为 4 类。

表 3-2　按充电方式的混合动力电动汽车分类

储能装置外接充电功能	可外接充电（OVC）[a]		不可外接充电（NOVC）	
行驶模式手动选择功能	无	有	无	有

表 3-2（续）

储能装置外接充电功能	可外接充电（OVC）[a]		不可外接充电（NOVC）	
对应的混合动力电动汽车车型	可外接充电、无行驶模式手动选择功能	可外接充电、有行驶模式手动选择功能	不可外接充电、无行驶模式手动选择功能	不可外接充电、有行驶模式手动选择功能
行驶模式手动选择功能	无	有	无	有

[a] 仅当制造厂在其生产说明书中或者以其他明确的方式推荐或要求定期进行车外充电时，混合动力电动汽车方可认为是"可外接充电"的。仅用来不定期的储能装置电量调节而非用作常规的车外能量补充，即使有车外充电能力，也不认为是"可外接充电"的车型。

五、车辆状态要求

1. 试验车辆需按制造厂的规范进行走合，并且在试验前的 7 天内建议至少行驶 300km。

2. 车辆轮胎压力应调整到制造厂规定的压力值。

3. 车辆加载应符合 GB 18352.3 的有关规定。

六、试验工况及底盘测功机试验规范

1. 试验工况与 GB 19233—2008 一样，采用了 GB 18352.3—2005 规定的 NEDC 行驶工况。标准规定的能量消耗量试验方法并不局限于 NEDC 行驶工况，如果需要按某一行驶工况进行能量消耗量试验，应探讨本标准规定的测功机设置、车辆处理和试验程序的适应性，如该行驶工况有明确规定（行驶循环、换挡处理等），原则上考虑采用。能量消耗量计算和结果处理按本标准规定的方法执行。

2. 底盘测功机的调整、试验工况运行、换挡以及取样等参照

GB 18352.3—2005 中的有关规定。

七、试验通则

1. 可外接充电的混合动力电动汽车试验应分别在以下条件进行：

——条件 A：储能装置处于充电终止的最高荷电状态；

——条件 B：储能装置处于运行放电结束的最低荷电状态。

其中，对于有行驶模式手动选择功能的混合动力电动汽车，按表 3-3 确定行驶模式。

表 3-3　行驶模式确定

荷电状态	行驶模式			
	—纯电动 —混合动力	—发动机 —混合动力	—纯电动 —发动机 —混合动力	—混合动力模式 n[a] —混合动力模式 m[a]
条件 A	混合动力	混合动力	混合动力	最大电力消耗模式[b]
条件 B	混合动力	发动机	发动机	最大燃料消耗模式[c]

[a] 例如：运动型、经济型、市区运行、市郊行驶模式……

[b] 最大电力消耗模式：所有可选择的混合动力手动选择模式中，电能消耗量最高的行驶模式。由制造厂提供信息，并与检测部门达成共识。

[c] 最大燃料消耗模式：所有可选择的混合动力手动选择模式中，燃料消耗量最高的行驶模式。由制造厂提供信息，并与检测部门达成共识。

2. 不可外接充电的混合动力电动汽车。如果车辆有行驶模式手动选择功能，试验时应选择车辆的缺省行驶模式，制造厂提供相关信息，并由检测部门进行确认。

八、试验结果

1. 可外接充电混合动力电动汽车能耗试验结果应包括燃料消耗量（L/100km）和电能消耗量（W·h/km）两部分。综合能耗应由上述两部分组成，不应只以燃料消耗量或电能消耗量来表示。

2. 不可外接充电的混合动力电动汽车试验测量所得燃料消耗量 C（L/100km），需要用储能装置的电能平衡值 $\Delta E_{storage}$ 结合制造厂提供的燃料消耗量修正系数 K_{fuel} 进行计算修正。修正后的燃料消耗量 C_0（L/100km）对应于电能平衡点（$\Delta E_{storage} = 0$）。

九、新标准主要修订之处

1. 增加新试验方法，作为可外接充电的混合动力电动汽车试验方法的可选项。新的试验方法包括运行 N 个循环，直到储能装置达到最低荷电状态，最低荷电状态的判定参考欧洲标准。这种试验方法可以更好地体现部分新型混合动力控制策略的能耗。

2. 增加了 OVC 续驶里程的测量，与新增试验方法相对应，以体现采用能量消耗型控制策略的可外接充电式混合动力电动汽车的优势。试验方法包括下列步骤：

——储能装置的初始充电；

——进行循环行驶，底盘测功机的调整、试验循环和档位操作按照 GB 18352.3—2005 附录 C 的规定进行；

——如果出现试验结束条件之一时，结束试验，测量的行驶里程 D_{OVC} 即为混合动力电动汽车的 OVC 续驶里程（单位为 km），结果应圆整到整数。

3. 对于不可外接充电的混合动力电动汽车，为更符合混合动力电动汽车的特点，将原标准中预处理循环更改为两个完整循环。同时，要求在预处理循环中测量燃料和电能消耗量，并在要求 3 个试验循环内，车辆储能装置的电能变化必须小于燃料消耗量的 5%，否则试验无效。

GB/T 19754—2015 重型混合动力电动汽车能量消耗量试验方法

一、概览

本标准规定了重型混合动力电动汽车在底盘测功机或道路上进行能量消耗量试验的试验方法。

二、适用范围

本标准适用于最大总质量超过 3 500kg 的混合动力电动汽车。

三、采标情况

本标准参照美国汽车工程师学会 2002 年 9 月提出的 SAE J 2711《重型混合动力电动汽车和传统汽车燃料经济性和排气污染物的试验方法》中关于燃料消耗量的部分技术内容、联合国欧洲经济委员会（ECE）2003 年 10 月 30 日提出的 "ECE R101.01 法规的修正草案的建议" 中关于混合动力电动车辆的能量消耗量方面的部分技术内容和国际标准化组织提出的 ISO 23274 的部分技术内容，综合考虑了我国重型混合动力汽车的实际应用情况而制定的。

四、净能量改变量（NEC）的计算

1. NEC 是判断采用可外接充电与不可外接充电式混合动力汽车试验方法的主要判别条件，是试验的主要环节。对于不可外接充电式混合动力汽车，为了真实比较混合动力电动汽车（HEV）和传统汽车的燃料消耗量结果，HEV 的数据必须进行修正以保证储能装置的能量净改变量 NEC 基本为零，这样，所有的能量是由辅助动力系统（APU）中的发动机提供。

2. 应在试验过程中监测储能装置的能量变化。对于每个不同的驾驶循环，最少应进行 3 组测试以确保有足够的数据对 SOC 进行修正。由于不同类型的储能装置储存的能量是不同的，所以不同类型的储能装置将使用不同的公式来定义 NEC。

五、试验循环与载荷

对于城市客车，应在 65% 载荷状态下采用中国典型城市公交循环（见表 3 - 4、图 3 - 1），或在满载状态下采用 GB/T 27840—2011 规定的 C - WTVC 循环进行试验。对于其他商用车辆，应在满载状态下采用 GB/T 27840—2011 中规定的 C - WTVC 循环。同时可以参考标准中提供的试验循环；或经汽车制造厂和检测机构协商，本标准也允许对试验循环工况进行改动和调整，以便更好地体现汽车的使用性能，检测数据可供参考。

1. 中国典型城市公交循环

表 3 - 4 城市客车循环

循环次数	行驶时间/s	行驶距离/km	平均车速/（km/h）	最高车速/（km/h）	最大加速度/（m/s²）	最大减速度/（m/s²）	怠速时间/s	怠速时间比例/%
2	2628	11.6	15.9	60	0.914	1.543	762	29.0

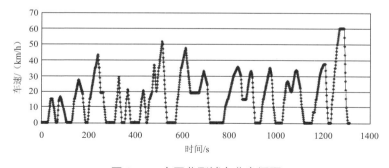

图 3 - 1 中国典型城市公交循环

2. 美国参考循环

行驶循环统计信息见表 3－5，Manhattan 行驶循环（1089 秒）见图 3－2，Udds 行驶循环（1061 秒）见图 3－3，Orange County 行驶循环（1909 秒）见图 3－4。

表 3－5 行驶循环统计信息表

行驶循环	平均速度/（km/h）	最高速度/（km/h）	最大加速度/（m/s²）	最大减速度/（m/s²）	循环总时间/s	循环总距离/km	怠速时间/s	怠速次数
Manhattan×2	10.93	40.48	1.769	−2.547	2178	6.61	786	41
UDDS×2	30.16	92.8	1.862	−2.004	2121	17.76	706	27
Orange County×2	19.73	65.01	1.8	−2.28	1909	10.46	406	30
CBD×3	20.13	32	1.067	−2	1722	9.92	345	43

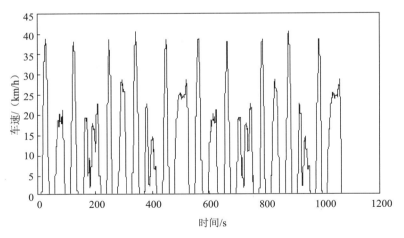

图 3－2 **Manhattan 行驶循环**（共计 1089 s）

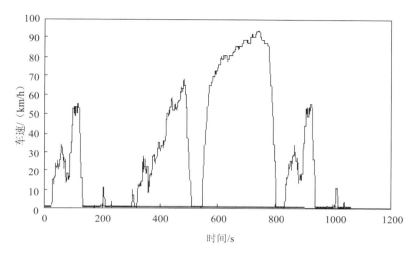

图 3-3　UDDS 行驶循环（共计 1061 s）

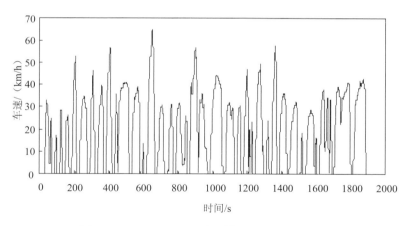

图 3-4　Orange County 行驶循环（共计 1909 s）

六、试验结果

汽车能量消耗量试验结果应当表示为：燃料消耗量，汽车每行驶 100km 消耗燃料多少 L（单位：L/100km）；电能量消耗量，汽车每行驶 100km 消耗电能量多少 kW·h（单位：kW·h/100km）；能

量消耗量（也称为燃料消耗量的校正值）。

1. 不可外接充电式混合动力电动汽车。计算汽车每行驶 100km 等效消耗燃料多少 L（单位：L/100km）。用 NEC 除以循环总驱动能量作为判断条件，用于确定整个试验循环中储能系统能量改变是否是有效的，是否需要对燃料经济性进行 SOC 的修正。

2. 外接充电型混合动力电动汽车。包含纯电动工作模式的能量消耗量试验结果分为纯电动续驶里程阶段、储能装置能量调节阶段、电量平衡型工作阶段三部分单独处理；不包含纯电动工作模式的根据后两部分求取试验结果。

七、新标准主要修订之处

1. NEC 的计算方法。标准采用循环总驱动能量而不采用总燃料驱动能量来确定 NEC 的相对变化量。方式一是通过底盘测功机采集的数据，计算循环总驱动能量；方式二是通过试验消耗的燃料量，计算总燃料驱动能量，再根据试验过程的 NEC，计算出循环总驱动能量。

2. 试验循环。在原中国典型城市公交循环、美国参考循环的基础上补充了 GB/T 27840 规定的 C - WTVC 循环。

3. 试验程序。包括不可外接充电混合动力电动汽车试验程序以及可外接充电混合动力电动汽车试验程序。

第四章

摩托车

GB 15744—2008 摩托车燃油消耗量限值及测量方法

一、概览

本标准规定了摩托车燃油消耗量限值及测量方法。

二、适用范围

本标准适用于摩托车（赛车和越野车除外）。

三、采标情况

本标准与国际标准化组织（ISO）1995 年 12 月 15 日生效的 ISO 7860 第二版《摩托车 燃油消耗量测量方法》（英文版）标准的一致性程度为非等效。

四、试验类型

摩托车应进行两种类型的试验。

1. Ⅰ型试验（在规定的运行循环条件下测量平均燃油消耗量）

Ⅰ型试验在底盘测功机上完成，试验采用 GB 14622—2007 附件 CA 中 CA.2 的市区循环进行。一次试验包括两个连续的运转循环。

2. Ⅱ型试验（等速时测量平均燃油消耗量）

Ⅱ型试验在道路或底盘测功机上完成，测量受试车按基准车速行驶时的燃油消耗量。

五、试验工况（Ⅰ型试验）

市区运行循环见图 4-1。

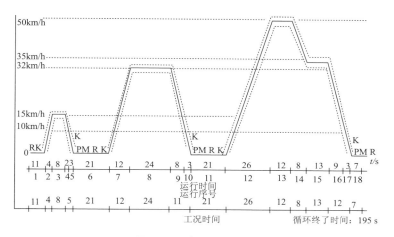

图 4-1   市区运行循环

六、基准车速（Ⅱ型试验）

试验应在最高挡位、按表 4-1 规定的基准车速进行等速油耗测量。摩托车的最高车速按 GB/T 5384 的规定进行测量。试验以两个基准车速下得到的较优值作为测量结果。

表 4-1   基准车速

最高车速/（km/h）	$v > 130$	$100 < v \leqslant 130$	$70 < v \leqslant 100$	$v \leqslant 70$
基准车速/（km/h）	120 和 90	90 和 60	60 和 45	45

七、燃油消耗量限值

摩托车燃油消耗量值见表 4-2 和表 4-3。

表 4-2   两轮摩托车燃油消耗量限值

发动机排量/mL	燃油消耗限值/（L/100km）
>50～100	2.3
≥100～125	2.5

表 4 - 2（续）

发动机排量/mL	燃油消耗限值/（L/100km）
≥125～250	2.9
≥250～400	3.4
≥400～650	5.2
≥650～1000	6.3
≥1000～1250	7.2
≥1250	8

表 4 - 3　三轮摩托车燃油消耗量限值

发动机排量/mL	燃油消耗限值/（L/100km）
≥50～100	3.3
≥100～150	3.8
≥150～250	4.3
≥250～400	5.1
≥400～650	7.8
≥650	9.0

八、执行日期

2009 年 7 月 1 日起实施。

GB 16486—2008 轻便摩托车燃油消耗量限值及测量方法

一、概览

本标准规定了轻便摩托车燃油消耗量限值及测量方法。

二、适用范围

本标准适用于轻便摩托车。

三、采标情况

本标准与国际标准化组织（ISO）2000 年 5 月 1 日生效的 ISO 7859：2000《轻便摩托车　燃油消耗量测量方法》（第一版英文版）的一致性程度为非等效。

四、试验类型

轻便摩托车应进行两种类型的试验。

1. Ⅰ型试验（在规定的运行循环条件下测量平均燃油消耗量）

Ⅰ型试验在底盘测功机上完成，试验采用 GB 18176—2007 附件 C 中 C.2 规定的运行循环。一次试验包括两个连续的运转循环。

2. Ⅱ型试验（等速时测量平均燃油消耗量）

Ⅱ型试验在道路或底盘测功机上完成，测量受试车按基准车速行驶时的燃油消耗量。

五、试验工况（Ⅰ型试验）

Ⅰ型试验循环见图 4 - 2。

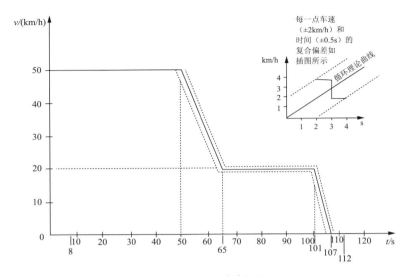

图 4 - 2　Ⅰ型试验循环

六、基准车速（Ⅱ型试验）

试验应在最高挡位、以轻便摩托车最高车速的 90％ 和 30km/h 作为基准车速。轻便摩托车的最高车速按 GB/T 5348 的规定进行测量。试验以两个基准车速下得到的较优值作为测量结果。

七、燃油消耗量限值

两轮摩托车、三轮摩托车燃油消耗量限值分别见表 4 - 1、表 4 - 2。

表 4 - 4　两轮摩托车燃油消耗量限值

发动机排量/mL	≤50
燃油消耗限值/（L/100km）	2.0

表 4 - 5　三轮摩托车燃油消耗量限值

发动机排量/mL	≤50
燃油消耗限值/（L/100km）	2.3

八、执行日期

2009 年 7 月 1 日起实施。

第二篇　排放标准

第五章

轻型汽车

GB 18352.3—2005 轻型汽车污染物排放限值及测量方法（中国Ⅲ、Ⅳ阶段）

一、概览

本标准规定了装用点燃式发动机的轻型汽车，在常温和低温下排气污染物、曲轴箱污染物、蒸发污染物的排放限值及测量方法，污染控制装置的耐久性要求，车载诊断（OBD）系统的技术要求及测量方法，以及双怠速的测量方法。

本标准规定了装用压燃式发动机的轻型汽车，在常温下排气污染物的排放限值及测量方法，污染控制装置的耐久性要求，以及车载诊断（OBD）系统的技术要求及测量方法。

本标准也规定了轻型汽车型式核准的要求，生产一致性和在用车符合性的检查与判定方法；燃用 LPG 或 NG 轻型汽车的特殊要求；作为独立技术总成、拟安装在轻型汽车上的替代用催化转化器，在污染物排放方面的型式核准要求。

二、适用范围

本标准适用于以点燃式发动机或压燃式发动机为动力、最大设计车速大于或等于 50km/h 的、最大总质量不超过 3500kg 的 M_1 类、M_2 类和 N_1 类汽车。本标准不适用于已根据 GB 17691（第 Ⅲ 阶段或第 Ⅳ 阶段）规定得到型式核准的 N_1 类汽车。

三、采标情况

本标准修改采用欧盟（EU）对 70/220/EEC 指令《关于协调各成员国有关采取措施以防止机动车排放污染物引起空气污染的法律》进行修订的 98/69/EC 指令《修订 70/220/EEC 指令关于协调各成员国有关采取措施以防止机动车污染物引起空气污染的法律》以及随

后截止至 2003/76/EC 的各项修订指令的有关技术内容。

四、污染物排放试验

污染物排放试验的试验方法与技术要求按 GB 18352.3—2005 的第 5 章规定进行。不同类型汽车在型式核准时要求进行的试验项目见表 5‑1。装压燃式发动机的轻型汽车，还应按 GB 3847—2005 的要求进行烟度试验。

表 5‑1　型式核准试验项目

型式核准试验类型	装点燃式发动机的轻型汽车			装压燃式发动机的轻型汽车
	汽油车	两用燃料车	单一气体燃料车	
Ⅰ型	进行	进行（试验两种燃料）	进行	进行
Ⅲ型	进行	进行（只试验汽油）	进行	不进行
Ⅳ型	进行	进行（只试验汽油）	不进行	不进行
Ⅴ型	进行	进行（只试验汽油）	进行	进行
Ⅵ型	进行	进行（只试验汽油）	不进行	不进行
双怠速	进行	进行（试验两种燃料）	进行	不进行
车载诊断（OBD）系统	进行	进行	进行	进行

注：Ⅰ型试验：指常温下冷起动后排气污染物排放试验；
　　Ⅲ型试验：指曲轴箱污染物排放试验；
　　Ⅳ型试验：指蒸发污染物排放试验；
　　Ⅴ型试验：指污染控制装置耐久性试验；
　　Ⅵ型试验：指低温下冷起动后排气中 CO 和 HC 排放试验；
　　双怠速试验：指测定双怠速的 CO、HC 和高怠速的 λ 值（过量空气系数）。

五、污染物排放限值

1. Ⅰ型试验（常温下冷起动后排气污染物排放试验）排放限值见表 5‑2。

表 5-2　I 型试验排放限值

限值/(g/km)

阶段	类别	级别	基准质量 RM/kg	一氧化碳 (CO) L_1 点燃式	一氧化碳 (CO) L_1 压燃式	碳氢化合物 (HC) L_2 点燃式	碳氢化合物 (HC) L_2 压燃式	氮氧化物 (NO_x) L_3 点燃式	氮氧化物 (NO_x) L_3 压燃式	碳氢化合物和氮氧化物 ($HC+NO_x$) L_2+L_3 点燃式	碳氢化合物和氮氧化物 ($HC+NO_x$) L_2+L_3 压燃式	颗粒物 (PM) L_4 压燃式
III	第一类车	—	全部	2.30	0.64	0.20	—	0.15	0.50	—	0.56	0.050
III	第二类车	I	RM≤1305	2.30	0.64	0.20	—	0.15	0.50	—	0.56	0.050
III	第二类车	II	1305<RM≤1760	4.17	0.80	0.25	—	0.18	0.65	—	0.72	0.070
III	第二类车	III	1760<RM	5.22	0.95	0.29	—	0.21	0.78	—	0.86	0.100
IV	第一类车	—	全部	1.00	0.50	0.10	—	0.08	0.25	—	0.30	0.025
IV	第二类车	I	RM≤1305	1.00	0.50	0.10	—	0.08	0.25	—	0.30	0.025
IV	第二类车	II	1305<RM≤1760	1.81	0.63	0.13	—	0.10	0.33	—	0.39	0.040
IV	第二类车	III	1760<RM	2.27	0.74	0.16	—	0.11	0.39	—	0.46	0.060

表 5-2 中，第一类车指包括驾驶员座位在内，座位数不超过六座，且最大设计总质量不超过 2500kg 的 M_1 类汽车；第二类车指本标准适用范围内除第一类车以外的其他所有轻型汽车。

2. IV 型试验（蒸发污染物排放试验），蒸发污染物排放量应小于 2g/试验。

3. VI 型试验（低温下冷起动后排气中 CO 和 HC 排放试验），排放限值见表 5-3。

表 5-3　VI 型试验的排放限值

试验温度 266K（−7℃）				
类别	级别	基准质量 RM/kg	CO L_1/（g/km）	HC L_2/（g/km）
第一类车	—	全部	15	1.8
第二类车	I	RM≤1305	15	1.8
	II	1305＜RM≤1760	24	2.7
	III	1760＜RM	30	3.2

六、执行日期

1. 2008 年 7 月 1 日起，对除轻型柴油汽车外的其他车型（包括上海、南京、杭州、深圳市等城市以及机动车污染严重的城市的 N 类轻型柴油车）实施第 III 阶段，其他地区 N 类轻型柴油车的销售和注册登记可过渡一年。

2. 2011 年 7 月 1 日起，对除轻型柴油汽车外的其他车型实施第 IV 阶段；对轻型柴油汽车，暂定推迟两年实施国四标准。即从 2013 年 7 月 1 日起，凡不满足国四标准要求的轻型柴油汽车不得销售和注册登记。由于国 4 柴油在全国的实施日期为 2015 年 1 月 1 日，因此最终轻型柴油车实施国四标准的日期为 2015 年 1 月 1 日。

GB 18352.5—2013 轻型汽车污染物排放限值及测量方法（中国第五阶段）

一、概览

本标准规定了装用点燃式发动机的轻型汽车，在常温和低温下排气污染物、双怠速排气污染物、曲轴箱污染物、蒸发污染物的排放限值及测量方法，污染控制装置耐久性、车载诊断（OBD）系统（简称 OBD 系统）的技术要求及测量方法。

本标准规定了装用压燃式发动机的轻型汽车，在常温下排气污染物、自由加速烟度的排放限值及测量方法，污染控制装置耐久性、OBD 系统的技术要求及测量方法。

本标准规定了轻型汽车型式核准的要求，生产一致性和在用符合性的检查与判定方法。

本标准也规定了燃用液化石油气（LPG）或天然气（NG）轻型汽车的特殊要求。

本标准也规定了作为独立技术总成、拟安装在轻型汽车上的替代用污染控制装置，在污染物排放方面的型式核准规程。

本标准也规定了排气后处理系统使用反应剂的汽车的技术要求，以及装有周期性再生系统汽车的排放试验规程。

第六阶段标准正在制订中。

二、适用范围

本标准适用于以点燃式发动机或压燃式发动机为动力、最大设计车速大于或等于 50km/h 的轻型汽车（包括混合动力电动汽车）。

在制造厂的要求下，最大总质量超过 3500kg 但基准质量不超过 2610kg 的 M_1、M_2、N_1 和 N_2 类汽车可按本标准进行型式核准；对

已获得本标准型式核准的车型，在满足相应要求时可扩展至基准质量不超过 2840kg 的 M_1、M_2、N_1 和 N_2 类汽车。

本标准不适用于已根据 GB 17691—2005 的规定获得第 Ⅴ 阶段型式核准的汽车。

三、采标情况

本标准修改采用欧盟（EC）No 715/2007 法规《关于轻型乘用车和商用车排放污染物（欧 5 和欧 6）的型式核准以及获取汽车维护修理信息的法规》和（EC）No 692/2008 法规《对（EC）No 715/2007 法规关于轻型乘用车和商用车排放污染物（欧 5 和欧 6）的型式核准以及获取汽车维护修理信息的执行和修订的法规》、以及联合国欧盟经济委员会 ECE R83-06（2011）法规《关于根据发动机燃料要求就污染物排放方面批准车辆的统一规定》及其修订法规的有关技术内容。

四、污染物排放试验

污染物排放试验的试验方法与技术要求按 GB 18352.5—2013 的第 5 章规定进行。不同类型汽车在型式核准时要求进行的试验项目见表 5-4。对于轻型混合动力电动汽车，相关试验按 GB/T 19755 的规定进行。

表 5-4　型式核准试验项目

型式核准试验类型	装点燃式发动机的轻型汽车（包括 HEV）			装压燃式发动机的轻型汽车（包括 HEV）
	汽油车	两用燃料车	单一气体燃料车	
Ⅰ型-气态污染物	进行	进行（试验两种燃料）	进行	进行

表 5 - 4（续）

型式核准试验类型	装点燃式发动机的轻型汽车（包括 HEV）			装压燃式发动机的轻型汽车（包括 HEV）
	汽油车	两用燃料车	单一气体燃料车	
Ⅰ型-颗粒物质量[a]	进行	进行（只试验汽油）	不进行	进行
Ⅰ型-粒子数量	不进行	不进行	不进行	进行
Ⅱ型-双怠速	进行	进行（试验两种燃料）	进行	不进行
Ⅱ型-自由加速烟度	不进行	不进行	不进行	进行
Ⅲ型	进行	进行（只试验汽油）	进行	不进行
Ⅳ型[b]	进行	进行（只试验汽油）	不进行	不进行
Ⅴ型[c]	进行	进行（只试验汽油）	进行	进行
Ⅵ型	进行	进行（只试验汽油）	不进行	不进行[d]
OBD 系统	进行	进行	进行	进行

[a] 对装点燃式发动机的轻型汽车，颗粒物质量测量仅适用于装缸内直喷发动机汽车。

[b] Ⅳ型试验前，还应按 5.3.4.2 的要求对炭罐进行检测。

[c] Ⅴ型试验前，还应按 5.3.5.1.1 的要求对催化转化器进行检测。

[d] 应提交 5.3.6.5 要求的相关资料信息。

注：Ⅰ型试验：指常温下冷起动后排气污染物排放试验。

　　Ⅱ型试验：对装点燃式发动机的汽车指测定双怠速的 CO、HC 和高怠速的 λ 值（过量空气系数）；对装压燃式发动机的汽车指测定自由加速烟度。

　　Ⅲ型试验：指曲轴箱污染物排放试验。

　　Ⅳ型试验：指蒸发污染物排放试验。

　　Ⅴ型试验：指污染控制装置耐久性试验。

　　Ⅵ型试验：指低温下冷起动后排气中 CO 和 HC 排放试验。

五、污染物排放限值

1. I 型试验（常温下冷起动后排气污染物排放试验）排放限值见表 5－5。

表 5－5　I 型试验排放限值

类别	级别	基准质量 RM/kg	CO L_1/(g/km)		THC L_2/(g/km)		NMHC L_3/(g/km)		NO_x L_4/(g/km)		THC+NO_x L_2+L_4/(g/km)		PM L_5/(g/km)		PN L_6/(个/km)	
			PI	CI	PI	CI	PI	CI	PI	CI	PI	CI	PI[a]	CI	PI	CI
第一类车	—	全部	1.00	0.50	0.100	—	0.068	—	0.060	0.180	—	0.230	0.0045	0.0045	—	6.0×10^{11}
第二类车	I	RM≤1305	1.00	0.50	0.100	—	0.068	—	0.060	0.180	—	0.230	0.0045	0.0045	—	6.01011
	II	1305<RM≤1760	1.81	0.63	0.130	—	0.090	—	0.075	0.235	—	0.295	0.0045	0.0045	—	6.01011
	III	1760<RM	2.27	0.74	0.160	—	0.108	—	0.082	0.280	—	0.350	0.0045	0.0045	—	6.01011

注：PI=点燃式，CI=压燃式。

a 仅适用于装缸内直喷发动机的汽车。

表5-5中第一类车指包括驾驶员座位在内，座位数不超过六座，且最大设计总质量不超过2500kg的M_1类汽车；第二类车指本标准适用范围内除第一类车以外的其他所有轻型汽车。

2.Ⅲ型试验（曲轴箱污染物排放试验），要求发动机曲轴箱通风系统不允许有任何曲轴箱污染物排入大气。

3.Ⅳ型试验（蒸发污染物排放试验），蒸发污染物排放量应小于2g/试验。

4.Ⅴ型试验（染污物装置耐久性试验）。

5.Ⅵ型试验（低温下冷起动后排气中CO和HC排放试验），排放限值见表5-6。

表5-6 Ⅵ型试验的排放限值

试验温度266K（-7℃）				
类别	级别	基准质量 RM/kg	CO L_1/（g/km）	HC L_2/（g/km）
第一类车	—	全部	15.0	1.80
第二类车	Ⅰ	RM≤1305	15.0	1.80
	Ⅱ	1305＜RM≤1760	24.0	2.70
	Ⅲ	1760＜RM	30.0	3.20

6.OBD系统要求。所有汽车应装备OBD系统，该系统应在设计、制造和汽车安装上，能确保汽车在整个寿命期内识别劣化或故障的类型。OBD系统试验的极限值要求，即：当与排放相关的某个部件或系统失效导致排放超过表5-7规定的极限值时，OBD系统应指示出该失效。

表 5 - 7 极限值

类别	级别	基准质量 RM/kg	一氧化碳(CO) mg/km		非甲烷碳氢化合物(NMHC) mg/km		氮氧化物(NOx) mg/km		颗粒物(PM) mg/km	
			PI	CI	PI	CI	PI	CI	PI[a]	CI
第一类车	—	全部	1900	1900	250	320	300	540	50	50
第二类车	I	RM≤1305	1900	1900	250	320	300	540	50	50
第二类车	II	1305<RM≤1760	3400	2400	330	360	375	705	50	50
第二类车	III	1760<RM	4300	2800	400	400	410	840	50	50

注：PI=点燃式，CI=压燃式。

[a] 仅适用于装缸内直喷发动机的汽车。

六、执行日期

1. 该标准自 2013 年 9 月 17 日发布，自发布之日起，即可依据该标准进行型式核准。

2. 自 2018 年 1 月 1 日起，所有销售和注册登记的轻型汽车应符合该标准的要求。

3. 机动车染污严格，有实施标准条件的地方，为改善空气质量，经批准可先于全国实施本标准。提实施标准的地方，在 2014 年 12 月 31 日之前，可以暂不实施标准对 OBD 系统 NO_x 监测和 OBD 实际监测频率（IUPR）的相关要求。（由于全国实施国五油品标准的日期会提前至 2017 年 1 月 1 日，目前正在研究在全国范围内提前实施国五排放标准的可行性）

4. 地方提前实施标准情况。

——北京。2013 年 2 月 1 日起，不再受理国四的轻型汽油车，自 2013 年 3 月 1 日起停止在京销售和注册登记不符合五阶段排放要求的轻型汽油车。其中，对于 OBD 系统对催化器的 NO_x 诊断和 IUPR 功能要求自 2015 年 1 月 1 日起实施。

——上海。2014 年 5 月 1 日起，对装配点燃式发动机的轻型汽车实施第五阶段排放要求，其中，对于 OBD 系统对催化器的 NO_x 诊断和 IUPR 功能要求自 2015 年 1 月 1 日起实施。

——广东。对点燃式发动机轻型汽车，珠三角各市实施国五阶段排放标准（含 OBD 的 IUPR 功能及对催化器的 NO_x 排放诊断要求）不得迟于 2015 年 12 月 31 日，广东省其他各市不得迟于 2016 年 6 月 30 日。

第六章

重型汽车及发动机

GB 18285—2005 点燃式发动机汽车排气污染物排放限值及测量方法（双怠速法及简易工况法）

一、概览

本标准规定了点燃式发动机汽车怠速和高怠速工况下排气污染物排放限值及测量方法，同时规定了稳态工况法、瞬态工况法和简易瞬态工况法三种简易工况测量方法。

二、适用范围

本标准适用于装用点燃式发动机的新生产和在用汽车。

三、采标情况

本标准未采用国外或国际标准法规。

四、怠速与高怠速工况

怠速工况指发动机无负载运转状态。即离合器处于接合位置、变速器处于空挡位置（对于自动变速箱的车应处于"停车"或"P"挡位）；采用化油器供油系统的车，阻风门应处于全开位置；油门踏板处于完全松开位置。

高怠速工况指满足上述（除最后一项）条件，用油门踏板将发动机转速稳定控制在 50% 额定转速或制造厂技术文件中规定的高怠速转速时的工况。

五、简易工况法

1. 稳态工况。在底盘测功机上的测试运转循环由 ASM5025 和

ASM2540 两个工况组成，见图 6-1 所示。

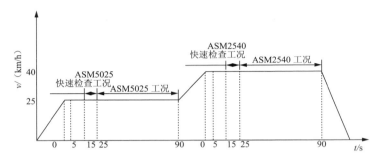

图 6-1 稳态工况法（ASM）试验运转循环

2. 瞬态工况及简易瞬态工况法。

瞬态工况运转循环图见图 6-2。

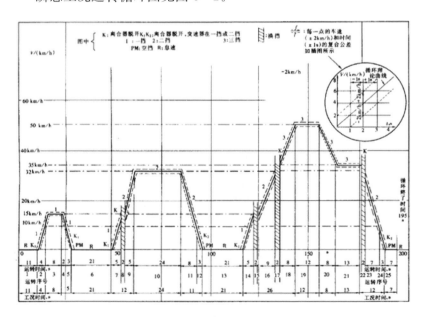

图 6-2 瞬态工况运转循环图

六、污染物排放限值

1. 装用点燃式发动机的新生产汽车，型式核准和生产一致性检查的排气污染物排放限值见表 6-1。

表 6-1　新生产汽车排气污染物排放限值（体积分数）

车型	类别			
	怠速		高怠速	
	CO（%）	HC（$\times 10^{-6}$）	CO（%）	HC（$\times 10^{-6}$）
2005 年 7 月 1 日起新生产的第一类轻型汽车	0.5	100	0.3	100
2005 年 7 月 1 日起新生产的第二类轻型汽车	0.8	150	0.5	150
2005 年 7 月 1 日起新生产的重型汽车	1.0	200	0.7	200

2. 装用点燃式发动机的在用汽车，排气污染物排放限值见表 6-2。

表 6-2　在用汽车排气污染物排放限值（体积分数）

车型	类别			
	怠速		高怠速	
	CO（%）	HC（$\times 10^{-6}$）	CO（%）	HC（$\times 10^{-6}$）
2005 年 7 月 1 日前生产的轻型汽车	4.5	1200	3.0	900
2005 年 7 月 1 日起生产的轻型汽车	4.5	900	3.0	900
2005 年 7 月 1 日起生产的第一类轻型汽车[a]	0.8	150	0.3	100

表 6-2（续）

车型	类别			
	怠速		高怠速	
	CO（%）	HC（×10⁻⁶）	CO（%）	HC（×10⁻⁶）
2005 年 10 月 1 日起生产的第二类轻型汽车	1.0	200	0.5	150
1995 年 7 月 1 日前生产的重型汽车	5.0	2000	3.5	1200
1995 年 7 月 1 日起生产的重型汽车	4.5	1200	3.0	900
2004 年 9 月 1 日起生产的重型汽车	1.5	250	0.7	200

[a]对于 2001 年 5 月 31 日以前生产的 5 座以下（含 5 座）的微型面包车，执行 1995 年 7 月 1 日起生产的轻型汽车的排放限值。

七、执行日期

本标准自 2005 年 7 月 1 日起实施。

GB 3847—2005 车用压燃式发动机和压燃式发动机汽车排气烟度排放限值及测量方法

一、概览

本标准规定了车用压燃式发动机和压燃式发动机汽车的排气烟度排放限值及测量方法。

二、适用范围

本标准适用于压燃式发动机排气烟度的排放，包括发动机型式核准和生产一致性检查。压燃式发动机汽车排气烟度的排放，包括新车型式核准和生产一致性检查、新生产汽车和在用汽车的检测。

本标准也适用于按 GB 14761.6—1993《柴油车自由加速烟度排放标准》生产制造的在用汽车，污染物排放符合 GB 18352 的装用压燃式发动机的轻型汽车。

本标准不适用于低速载货汽车和三轮汽车。

三、采标情况

本标准修改采用联合国欧洲经济委员会（UNECE）1986 年 4 月 20 日生效的 ECE R 24/03 法规《对压燃式发动机和压燃式发动机汽车排气可见污染物排放的核准规则》的主要技术内容。对于在用汽车自由加速试验的排放限值及测量方法，参考了欧洲共同体委员会 96/96/EC 指令中 8.2.2 条对装用压燃式发动机汽车排气可见污染物排放的相关规定，增加了附录 I《在用汽车自由加速试验 不透光烟度法》。

四、污染物排放试验

1. 全负荷稳定转速试验 不透光烟度法
2. 自由加速试验 不透光烟度法
3. 在用汽车自由加速试验 不透光烟度法
4. 在用汽车加载减速试验 不透光烟度法
5. 在用汽车自由加速试验 滤纸烟度法

五、污染物排放限值

1. 第Ⅰ部分 压燃式发动机

应采用不透光烟度法测定全负荷稳定转速状态下和自由加速状态下的烟度。在全负荷稳定转速状态下测得的排气光吸收系数测量值,应不大于表 6-3 规定的限值。在自由加速状态下测得的排气光吸收系数,应按规定的方法确定自由加速试验排气烟度的校正值,该值即为批准的该机型的自由加速排气烟度排放限值。

表 6-3 稳定转速试验的烟度排放限值

名义流量 $G/$（L/s）	光吸收系数 k/m^{-1}	名义流量 $G/$（L/s）	光吸收系数 k/m^{-1}
≤42	2.26	90	1.575
45	2.19	95	1.535
50	2.08	100	1.495
55	1.985	105	1.465
60	1.90	110	1.425
65	1.84	115	1.395
70	1.775		
75	1.72	120	1.37
80	1.665	125	1.345
85	1.62	130	1.32

表 6 - 3（续）

名义流量 $G/$（L/s）	光吸收系数 k/m^{-1}	名义流量 $G/$（L/s）	光吸收系数 k/m^{-1}
135	1.30	180	1.125
140	1.27	185	1.11
145	1.25	190	1.095
150	1.225	195	1.08
155	1.205	≥200	1.065
160	1.29		
165	1.17	注：虽然以上数值均修约至最接近的 0.01 至 0.005，但这并不意味着测量也需要精确到这种程度。	
170	1.155		
175	1.14		

2. 第Ⅱ部分　装用发动机型式核准已批准的压燃式发动机汽车

可按照不透光烟度法，进行自由加速试验，将测得的光吸收系数作为该车型型式核准的自由加速排气烟度排放的限值。

3. 第Ⅲ部分　装用未单独进行发动机型式批准的压燃式发动机汽车

应采用不透光烟度法分别测定全负荷稳定转速状态下和自由加速状态下的烟度。在全负荷稳定转速状态下测得的排气光吸收系数测量值，应不大于上表规定的限值。在自由加速状态下测得的排气管吸收系数，应按规定的方法确定自由加速试验排气烟度的校正值，该值即为批准的该机型的自由加速排气烟度排放限值。

4. 第Ⅳ部分　在用汽车

按本标准规定经型式核准批准车型生产的在用汽车，应按要求进行自由加速试验，所测得的排气光吸收系数不应大于车型核准批准的自由加速排气烟度排放限值，再加 $0.5\mathrm{m}^{-1}$。

六、执行日期

本标准自 2005 年 7 月 1 日起实施。

GB 17691—2005 车用压燃式、气体燃料点燃式发动机与汽车排气污染物排放限值及测量方法（中国Ⅲ、Ⅳ、Ⅴ阶段）

一、概览

本标准规定了装用压燃式发动机汽车及其压燃式发动机所排放的气态和颗粒污染物的排放限值及测试方法；以及装用以天然气（NG）或液化石油气（LPG）作为燃料的点燃式发动机汽车及其点燃式发动机所排放的气态污染物的排放限值及测量方法。

第六阶段标准正在制定中。

二、适用范围

本标准适用于设计车速大于 25km/h 的 M_2、M_3、N_1、N_2 和 N_3 类及总质量大于 3500kg 的 M_1 类机动车装用的压燃式（含气体燃料点燃式）发动机及其车辆的型式核准、生产一致性检查和在用车符合性检查。

若装备压燃式（含气体燃料点燃式）发动机的 N_1 和 M_2 类车辆已经按照 GB 18352.3—2005《轻型汽车污染物排放限值及测量方法（中国Ⅲ、Ⅳ阶段）》的规定进行了型式核准，则其发动机可不按本标准进行型式核准。

三、采标情况

本标准修改采用欧盟（EU）对 88/77/EEC 指令《关于协调各成员国采取措施防治车用柴油发动机气态污染物排放法律的理事会指令》的修订版 1999/96/EC《关于协调各成员国采取措施防治车用压燃式发动机气态污染物和颗粒物排放，以及燃用天然气或液化石油气的车用点燃式发动机气态污染物排放法律的理事会指令》，以及随后截止至最新修订版 2001/27/EC《关于协调各成员国采取措施防治车用压燃式发动机气态污染物和颗粒物排放，以及燃用天然气或液化石油气的车用点燃式发动机气态污染物排放法律的理事会指令》的有关技术内容。

四、污染物排放试验

柴油机：对于第Ⅲ阶段进行型式核准的传统柴油机，包括那些安装了燃料电喷系统，排气再循环（EGR），和（或）氧化型催化器的柴油机，均应采用 ESC 和 ELR 试验规程测定其排气污染物（ESC 试验见表 6-4，ELR 试验见图 6-3）。对于安装了先进的排气后处理装置包括 NO_x 催化器和（或）颗粒物捕集器的柴油机，应附加 ETC 试验规程测定排气污染物（ETC 试验见图 6-4）。对于Ⅳ、Ⅴ阶段或 EEV 的型式核准试验，应采用 ESC、ELR 和 ETC 试验规程测定其排气污染物。

燃气发动机：对于燃气发动机，应采用 ETC 试验规程测定其气态污染物。

1. ESC 试验

表 6-4　试验循环

工况号	发动机转速	负荷百分数	加权系数/%	工况时间/min
1	怠速	—	15	4
2	A	100	8	2
3	B	50	10	2
4	B	75	10	2
5	A	50	5	2
6	A	75	5	2
7	A	25	5	2

表 6 - 4（续）

工况号	发动机转速	负荷百分数	加权系数/%	工况时间/min
8	B	100	9	2
9	B	25	10	2
10	C	100	8	2
11	C	25	5	2
12	C	75	5	2
13	C	50	5	2

2. ELR 试验

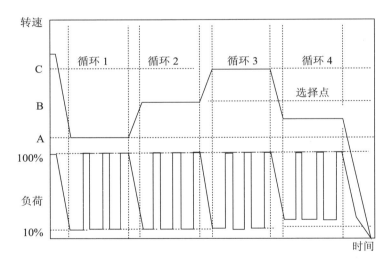

图 6 - 3　ELR 试验顺序

3. ETC 试验

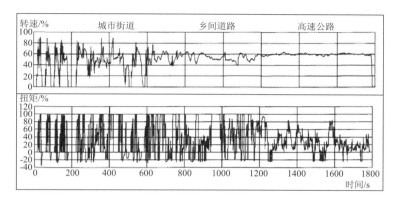

图 6-4　ETC 循环

五、污染物排放限值

ESC 试验测得的一氧化碳、总碳氢化合物、氮氧化物和颗粒物的比质量，以及 ELR 试验测得的不透光烟度，都不应超出表 6-5 中给出的数值。

表 6-5　ESC 和 ELR 试验限值

阶段	一氧化碳 (CO) g/ (kW·h)	碳氢化合物 (HC) g/ (kW·h)	氮氧化物 (NO_x) g/ (kW·h)	颗粒物 (PM) g/ (kW·h)	烟度 m^{-1}
Ⅲ	2.1	0.66	5.0	0.10　0.13[a]	0.8
Ⅳ	1.5	0.46	3.5	0.02	0.5
Ⅴ	1.5	0.46	2.0	0.02	0.5
EEV	1.5	0.25	2.0	0.02	0.15
[a] 对每缸排量低于 0.75dm³ 及额定功率转速超过 3000r/min 的发动机。					

对于需进行 ETC 附加试验的柴油机和必须进行 ETC 试验的燃气发动机，其一氧化碳、非甲烷碳氢化合物、甲烷（如适用）、氮氧

化物和颗粒物（如适用）的比质量，都不应超出表 6 - 6 给出的数值。

表 6 - 6　ETC 试验限值

阶段	一氧化碳 （CO） g/（kW·h）	非甲烷碳氢化合物（NMHC） g/（kW·h）	甲烷 （CH$_4$）[a] g/（kW·h）	氮氧化物 （NO$_x$） g/（kW·h）	颗粒物 （PM）[b] g/（kW·h）
Ⅲ	5.45	0.78	1.6	5.0	0.16　0.21[c]
Ⅳ	4.0	0.55	1.1	3.5	0.03
Ⅴ	4.0	0.55	1.1	2.0	0.03
EEV	3.0	0.40	0.65	2.0	0.02

[a] 仅对 NG 发动机。

[b] 不适用于第 Ⅲ、Ⅳ 和 Ⅴ 阶段的燃气发动机。

[c] 对每缸排量低于 0.75dm^3 及额定功率转速超过 3000r/min 的发动机。

六、执行日期

1. 由于全国范围内国四柴油标准自 2015 年 1 月 1 日实施，重型柴油车国四排放标准实施日期为 2015 年 1 月 1 日。全国范围内国五柴油标准实施日期为 2018 年 1 月 1 日，重型柴油车国五排放标准实施日期为 2018 年 1 月 1 日。

2. 对于点燃式重型汽车自 2013 年 1 月 1 日起实施本标准中第五阶段的要求。

3. 地方提前实施标准情况。

北京市自 2013 年 7 月 1 日起不满足国四排放标准的重型柴油和燃气汽车不允许销售、注册。自 2015 年 6 月 1 日起申报北京目录的重型柴油车必须满足第五阶段的排放要求，自 2015 年 8 月 1 日，不满足第五阶段的重型柴油车不允许在京销售、注册。

上海市自 2013 年 7 月 1 日起不满足国四排放标准的重型柴油车不允许销售、注册。自 2014 年 5 月 1 日起，对用于公交、环卫、邮政行业重型柴油车必须要满足第五阶段的排放要求。

广东珠三角地区，2015 年 7 月 1 日起逐步对销售、注册和转入的公交、环卫、邮政行业重型压燃式发动机汽车引入国家第五阶段的排放标准要求，珠三角各市最迟不得迟于 2015 年 12 月 31 日实施。

4.2008 年 6 月 24 日，国家环保部发布了 HJ 437—2008《车用压燃式、气体燃料点燃式发动机与汽车车载诊断（OBD）系统技术要求》、HJ 438—2008《车用压燃式、气体燃料点燃式发动机与汽车排放控制系统耐久性技术要求》和 HJ 439—2008《车用压燃式、气体燃料点燃式发动机与汽车在用符合性技术要求》三项环境标准，作为对 GB 17691—2005 强制性标准的补充要求，实施日期为 2008 年7 月1 日。

GB 20890—2007 重型汽车排气污染物排放控制系统耐久性要求及试验方法

一、概览

本标准规定了重型汽车排气污染物排放控制系统耐久性要求及试验方法。

二、适用范围

本标准适用于采用排气后处理装置、设计车速大于 25km/h 的 M_2、M_3、N_2 和 N_3 类及总质量大于 3500kg 的 M_1 类机动车的型式核准和生产一致性检查对排气污染物排放控制系统耐久性的考核。

凡采用排气后处理装置的机动车按 GB 14762—2002 或 GB 17691—2001 第 II 阶段、或者 GB 17691—2005 第 III 阶段进行型式核准和生产一致性检查时，应满足本标准对排气污染物排放控制系统耐久性的要求。以独立技术总成进行型式核准的排气后处理装置，可执行本标准。

三、采标情况

本标准耐久性要求和耐久性运行试验方法修改采用欧洲 2005/55/EC（2005/78/EC）附录 Ⅱ "排放控制系统耐久性试验方法（ANNEX Ⅱ PROCEDURES FOR CONDUCTING THE TEST FOR DURABILITY OF EMISSION CONTROL SYSTEMS）"的有关技术内容，并采用日本国土交通省自动车交通局技术安全部 "日本 2005 重型汽车排放法规"规定的道路耐久性行驶试验循环作为推荐循环。

四、耐久性试验循环

1. 整车道路耐久性行驶试验。汽车在跑道、道路或底盘测功机上进行的耐久性行驶试验应按照图 6-5 试验循环进行，试验循环由 10 个正常行驶循环和 1 个高速行驶循环组成。

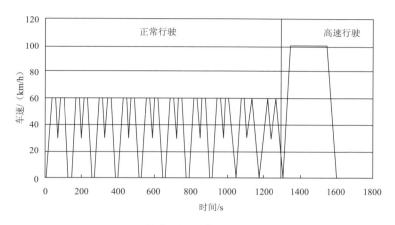

图 6-5　整车道路耐久性行驶试验循环

2. 发动机台架耐久性运行试验。应按照表 6-7 规定的试验循环，循环工况之间的转换时间为 60s±5s，该转换时间计入下一工况的运转时间内。

表 6-7　发动机台架耐久性运行试验循环[a]

工况序号	转速/（r/min）	负荷/%	运转时间/s
1	怠速	0	120
2	最大扭矩转速	10	600
3	最大扭矩转速	100（90）[b]	1200
4	怠速	0	120
5	额定转速[c]	25	600
6	额定转速[c]	50	600

表 6-7（续）

工况序号	转速/（r/min）	负荷/%	运转时间/s
7	额定转速c	75	600
8	额定转速c	100（90）b	1200
9	1/2（最大扭矩转速＋额定转速）d	25	600
10	1/2（最大扭矩转速＋额定转速）d	50	600
11	1/2（最大扭矩转速＋额定转速）d	75	600
12	1/2（最大扭矩转速＋额定转速）d	100（90）b	1200
13	最大扭矩转速	25	600
14	最大扭矩转速	50	600
15	最大扭矩转速	75	600
16	最大扭矩转速	100（90）b	1200
17	怠速	0	120
18	1/2（最大扭矩转速＋额定转速）d	25	600
19	1/2（最大扭矩转速＋额定转速）d	50	600
20	1/2（最大扭矩转速＋额定转速）d	75	600
21	1/2（最大扭矩转速＋额定转速）d	100（90）b	1200
22	额定转速c	25	600
23	额定转速c	50	600
24	额定转速c	75	600
25	额定转速c	100（90）b	1200
26	怠速	0	120
27	停车	0	720

a 一个循环所用时间为 5h；
b 括弧内的负荷只用于重型汽油机；
c 汽油发动机该转速为最大扭矩转速；
d 汽油发动机该转速为最大扭矩转速；
e 本台架耐久性运行试验一个循环（5h），换算为整车道路耐久性行驶里程数 800km（推荐）。

五、耐久性要求和试验

耐久性要求和试验规定见表6-8。

表6-8　耐久性要求和试验规定

汽车分类		耐久性要求[a]		允许最短试验里程[b]/km
		行驶里程/km	实际使用时间/年	
汽油车		80 000	5	50 000
柴油车、NG和LPG车	M_1^c	80 000	5	50 000
	M_2	80 000	5	50 000
	M_3〔Ⅰ、Ⅱ、A、B（GVM≤7.5t）〕	100 000	5	60 000
	M_3〔Ⅲ、B（GVM>7.5t）〕	250 000	6	80 000
	N_2	100 000	5	60 000
	N_3（GVM≤16t）	100 000	5	60 000
	N_3（GVM>16t）	250 000	6	8000

[a] 耐久性要求中的行驶里程和实际使用时间两者以先到为准。
[b] 允许最短试验里程指采用道路试验方法时最短耐久性运行试验里程。
[c] 仅包括GVM大于3500kg的M_1类汽车。

六、执行日期

本标准自2007年10月1日起实施。

GB 11340—2005 装用点燃式发动机重型汽车曲轴箱污染物排放限值及测量方法

一、概览

本标准规定了装用点燃式发动机重型汽车曲轴箱污染物排放型式核准申请、型式核准试验方法及排放限值、生产一致性检查方法及排放限值。

二、适用范围

本标准适用于装用点燃式发动机、最大总质量大于 3500kg 的 M 类和 N 类车辆。

三、采标情况

本标准未采用国外或国际标准法规。

四、污染物排放试验

装用点燃式发动机重型汽车曲轴箱污染物排放试验可以用整车在底盘测功机上进行，也可以用与被试车辆相应的发动机在发动机台架上进行。用发动机台架试验时，试验发动机应安装与被试车辆相同的零部件（如空气滤清器、曲轴箱污染物控制装置等）。

当用底盘测功机进行曲轴箱污染物排放试验时，车辆运转工况见表 6 - 9。

表 6 - 9 曲轴箱排放试验运转工况

工况顺序	测功机吸收的功率	车速/（km/h）
1	0	车辆静止，发动机怠速运行

表 6 - 9（续）

工况顺序	测功机吸收的功率	车速/（km/h）
2	车辆以基准质量、在平坦路面上，以直接档 50km/h 等速行驶时的负荷	50±2
3	工况 2 的负荷乘以系数 1.7	50±2

当用发动机台架进行曲轴箱污染物排放试验时，发动机运转工况为表 6 - 9 中所示的 3 个工况，但是表中工况顺序 2 中测功机吸收的功率及车速，必须用被试车辆以基准质量在平坦道路上以直接档 50km/h 等速行驶时测取的发动机负荷和转速来替代。工况顺序 3 中测功机吸收的功率为工况顺序 2 中测功机吸收功率 1.7 倍，发动机的转速同工况顺序 2。

五、污染物排放限值

按照本标准附录 B 所述的方法进行试验，不允许曲轴箱内的任何气体进入大气。

六、执行日期

自 2005 年 7 月 1 日起，装用点燃式发动机重型汽车进行曲轴箱污染物排放型式核准的都必须符合本标准要求。在 2005 年 7 月 1 日之前，可以按照本标准的相应要求进行型式核准。对于按本标准批准型式核准的汽车，其生产一致性的检查，自批准之日起执行。

从 2006 年 1 月 1 日起，所有制造和销售的装用点燃式发动机重型汽车，其曲轴箱污染物排放必须符合本标准要求。

GB 14763—2005 装用点燃式发动机重型
汽车燃油蒸发污染物排放限值及
测量方法（收集法）

一、概览

本标准规定了装用点燃式发动机重型汽车燃油蒸发污染物排放的型式核准申请、型式核准试验及排放限值、型式核准的扩展，以及生产一致性检查方法及排放限值。

二、适用范围

本标准适用于装用点燃式发动机、最大总质量大于 3500kg 的 M 类和 N 类车辆。

本标准不适用于单一气体燃料车辆。本标准不适用于已按 GB 18352.2—2001《轻型汽车污染物排放限值及测量方法（Ⅱ）》规定的蒸发污染物排放试验方法进行燃油蒸发污染物排放型式核准的车辆。

三、采标情况

本标准未采用国外或国际标准法规。

四、污染物排放试验

蒸发污染物排放试验由下列 4 部分组成：

——试验准备；

——燃油箱呼吸损失（昼间换气损失）测定；

——在底盘测功机上以 40km/h 车速匀速行驶，或在发动机台架上模拟车辆 40km/h 车速运行；

——热浸损失测定。

五、污染物排放限值

按照本标准所述方法进行试验，蒸发排放量小于 4.0g/测量循环。

六、执行日期

自 2005 年 7 月 1 日起，装用点燃式发动机重型汽车进行蒸发污染物排放型式核准的都必须符合本标准要求。在 2005 年 7 月 1 日之前，可以按照本标准的相应要求进行型式核准。对于按本标准批准型式核准的汽车，其生产一致性的检查，自批准之日起执行。

从 2006 年 1 月 1 日起，所有制造和销售的装用点燃式发动机重型汽车，其蒸发污染物排放必须符合本标准。

GB 14762—2008 重型车用汽油发动机与汽车排气污染物排放限值及测量方法（中国Ⅲ、Ⅳ阶段）

一、概览

本标准规定了重型车用汽油发动机与汽车排气污染物排放限值及测量方法、车载诊断（OBD）系统的技术要求及试验方法。

二、适用范围

本标准适用于设计车速大于 25km/h 的 M_2、M_3、N_2 和 N_3 类及总质量大于 3500kg 的 M_1 类机动车装用的汽油发动机及其车辆的型式核准、生产一致性检查和在用车/发动机符合性检查。

若装备汽油发动机的 M_2 类车辆已按 GB 18352.3—2005 的规定进行了型式核准，则该车型发动机可不按本标准进行型式核准。

三、采标情况

本标准未采用国外或国际标准法规。

四、污染物排放试验

汽油发动机气态排放物试验应在发动机测功机台架上进行，由重型汽油机瞬态循环试验确定，如图 6-6 所示。

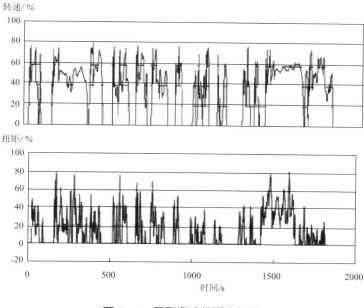

图 6 - 6　重型汽油机瞬态循环

五、污染物排放限值

试验测得的一氧化碳、总碳氢化合物和氮氧化物的比质量，按照要求进行劣化值（或劣化系数）校正后，都不应超过表 6 - 10 给定的限值。

表 6 - 10　试验限值

阶段	一氧化碳质量（CO）g/（kW·h）	总碳氢质量（THC）g/（kW·h）	氮氧化物质量（NO$_x$）g/（kW·h）
Ⅲ	9.7	0.41	0.98
Ⅳ	9.7	0.29	0.70

六、执行日期

1. 型式核准

自表 6‑11 规定的日期起，实施相应阶段排放标准，凡不满足本标准相应阶段要求的新型发动机和新型汽车均不得予以型式核准。在下表规定的执行日期之前，可以按照本标准的相应要求进行型式核准的申请和批准。

表 6‑11　型式核准执行日期

	第Ⅲ阶段	第Ⅳ阶段
排气污染物	2009 年 7 月 1 日	2012 年 7 月 1 日
车载诊断（OBD）系统试验		

2. 注册登记、销售和使用

自上表型式核准执行日期之后一年起，凡不满足本标准相应阶段要求的新车不得销售、注册登记，不满足本标准相应阶段要求的新发动机不得销售和投入使用。

DB11／965—2013 重型汽车排气污染物排放限值及测量方法（车载法）

一、概览

本标准规定了便携式排放测试系统测量重型汽车整车排放氮氧化物（NO_x）的排放限值要求、测量方法和判定方法。本标准弥补了部分道路行驶工况点在台架试验中不能充分体现的缺陷。为有效监控车辆在使用中的实际排放状况，制订本标准，作为在北京市实施 GB 17691—2005 的补充。

二、适用范围

本标准适用于设计车速大于 25km/h 的 M_2、M_3、N_2 和 N_3 类及总质量大于 3500kg 的 M_1 类机动车装用满足 GB 17691—2005 第 IV 阶段及以上标准发动机的车辆排放检测。

三、采标情况

本标准主要参照 EPA CFR 40 part 86 中 86.1370—1372 和 CFR part 1065 subpartJ 部分、（EU）No 582/2011（修订草案）以及 HJ 439—2008《车用压燃式、气体燃料点燃式发动机与汽车在用符合性技术要求》的部分技术内容，并根据北京实际情况进行了部分修改。

四、排放限值及测试

1. 在 HJ 439 要求的耐久性有效期内，车辆排放应满足表 6-12 要求。

表 6 - 12　排放限值

计算方法		功基窗口法	NTE 法
NO$_x$ 限值/（g/kWh）	IV阶段	≤7.0	≤6.0
	V阶段	≤5.0	≤4.0
要求		满足限值要求的有效功基窗口比例达到 90%以上	满足限值的 NTE 事件通过率达到 90%以上

2. 排放测试应按照附录 B 要求进行实际道路运行排放试验，也可申请按照附录 C 底盘测功机方法进行测试。

五、重型汽车车载排放测量方法（道路）

1. 试验车辆载荷

一般情况下，为正常使用条件下车辆的实际负载。也允许车辆进行加载测试。除特殊规定外，M$_2$、M$_3$ 类城市客车为装载质量的 65%；其他汽车为满载。乘员质量及其装载要求按 GB/T 12534 的规定。

2. 测量内容

——气态排气污染物的测量。将便携式排放测试系统安装固定在车辆上，在车辆实际运行过程中，实时收集 NO$_x$ 浓度（ppm）、排气流量（L/min）、排气温度（℃）、车辆行驶速度（km/h）等瞬时数据。

——发动机转速和扭矩的测量。利用车辆的车载诊断接口，通过数据采集设备读取发动机转速（r/min）和扭矩（Nm）等瞬时数据。

3. 测试工况

测试工况的构成应接近于车辆正常使用时的道路运行路况的分布。车辆运行路况包括：市区路、市郊路和高速路，根据车辆类别，具体分布按照 B.1.4.2～B.1.4.5 的规定，并允许实际构成比例有 ±5％的偏差。

上述三种道路类型的划分原则：根据车辆行驶速度的大小，区分车辆运行道路的属性，市区路：车辆行驶速度在 0km/h～60km/h，市郊路：车辆行驶速度为 60km/h～90km/h，高速路：车辆行驶速度大于 90km/h。

——对于 M_2 和 M_3 类车辆（公交车等特殊用途的车辆除外），车辆测试时的运行道路组成要求如下：大约 45％的市区道路、25％的市郊道路和 30％的高速道路。

——公交车和环卫车辆道路组成如下：大约 70％的市区道路和 30％的市郊道路。

——对于 N_2 类车辆，车辆测试时的运行道路组成如下：大约 45％的市区道路、25％的市郊道路和 30％的高速道路。

——对于 N_3 类车辆，车辆测试时的运行道路组成如下：大约 20％的市区道路、25％的市郊道路和 55％的高速道路。

六、重型汽车车载排放测量方法（底盘测功机）

1. 车辆准备及测量内容等与道路试验一致

2. 测试工况

——对于城市用公交车辆采用"重型混合动力电动汽车能量消耗量试验方法 GB/T 19754—2005"中的"中国典型城市公交工况"。

——对于除城市用公交车外的其他车辆采用"重型商用车辆燃料消耗量测量方法 GB/T 27840—2011"中的"重型商用车油耗测试工况（C‑WTVC）"。

3. 试验报告

试验报告应至少包括试验条件、车辆信息和车辆排放水平的判定结果。报告同时给出每公里平均排放量实测结果（g/km）和平均比排放量（g/kWh）结果。

七、判定方法

1. 采用 NTE 法判定时，NTE 事件数量不应少于 5 个。

2. 采用功基窗口法判定时，窗口平均功率百分比大于 20％的窗口个数要大于或者等于所有窗口个数的 50％；不能达到 50％，将窗口平均功率百分比的要求 20％以 1％为步长逐渐减小，但最小不能小于 15％。

3. 车型判定：同类车型测试车辆数最少 3 辆、最多不超过 10 辆，合格判定数和不合格判定数如表 6-13。

表 6-13　车型测试结果判定

测试车辆数/辆	合格判定数不少于/辆	不合格判定数不少于/辆
3	3	—
6	5	4
10	7	4

4. 车型判定不合格时，补救措施按照 HJ 438—2008 中 5.5 的规定执行。

第七章

摩托车

GB 14622—2007 摩托车污染物排放限值及测量方法（工况法，中国第Ⅲ阶段）

一、概览

本标准规定了两轮或三轮摩托车工况法排气污染物的排放限值及测量方法、曲轴箱污染物排放要求、污染控制装置的耐久性要求。本标准规定了两轮和三轮摩托车第Ⅲ阶段型式核准的要求、生产一致性检查和判定方法。

二、适用范围

本标准适用于整车整备质量不大于 400kg、发动机排量大于 50mL 或最大设计车速大于 50km/h 的装有点燃式发动机的两轮或三轮摩托车。

三、采标情况

本标准修改采用欧盟（EU）对 97/24/EC 指令《关于两轮和三轮摩托车主要部件和特性》中第五章附录 2《关于两轮和三轮摩托车产生的排气污染物测量要求》进行修订的 2002/51/EC 指令《修订 97/24/EC 降低两轮和三轮摩托车排气污染物限值》和 2003/77/EC 指令《修订 97/24/EC 和 2002/24/EC 关于两轮和三轮摩托车排气污染物型式核准要求》中的型式核准试验要求和 2002/24/EC 指令《关于两轮和三轮摩托车型式试验的规定》中的生产一致性检查要求，以及欧盟《适应技术进步修订 97/24/EC 指令和 2002/24/EC 指令》草案中耐久性试验要求的有关技术内容。

四、污染物排放试验

污染物排放试验的试验方法与技术要求标准规定进行，试验项目包括常温下冷起动后排气污染物平均排放量的测量、曲轴箱污染物排放试验和污染控制装置耐久性试验。

五、污染物排放限值

1. Ⅰ型试验（常温下冷起动后排气污染物平均排放量的检验）。每次试验所得到的一氧化碳、碳氢化合物和氮氧化物的测量值均应低于表 7-1 中规定的排放限值。

表 7-1　摩托车排气污染物排放限值

类别		排放限值/（g/km）		
		CO 排放量 L_1	HC 排放量 L_2	NO_x 排放量 L_3
两轮摩托车	＜150 mL（UDC）	2.0	0.8	0.15
	≥150 mL（UDC＋EUDC）	2.0	0.3	0.15
三轮摩托车	全部（UDC）	4.0	1.0	0.25

注 1：UDC：指 ECE R40 试验循环模型，包括全部 6 个市区循环模型的排气污染物测量，采样开始时间 $T=0$。

注 2：UDC＋EUDC：指最高车速为 90km/h 的 ECE R40＋EUDC 试验循环模型，包括市区和市郊全部循环模型的排气污染物测量，采样开始时间 $T=0$。

2. Ⅲ型试验（曲轴箱污染物排放试验）。发动机曲轴箱通风系统不允许有任何气体排入大气。

3. Ⅴ型试验（污染控制装置耐久性试验）。不同类型摩托车耐久性试验里程的要求如表 7-2 所示。

表 7-2　摩托车类型和试验总里程

摩托车类型	发动机排量/mL	最高车速/（km/h）	试验总里程/km
Ⅰ	＜150	不限	12000
Ⅱ	≥150	＜130	18000
Ⅲ	≥150	≥130	30000

　　Ⅴ型试验的排气污染物排放量的测量包括从初次试验里程直到最少试验里程（即：耐久试验总里程的 50%），以相等的试验间隔里程，根据Ⅰ型试验要求，到少进行 4 次摩托车排气污染物排放量测量。所有测量应在保养前或后行驶 500km 以外的试验里程进行。所有测量点每种排气污染物的测量结果应符合标准中Ⅰ型试验的限值要求（见表 7-3）。

表 7-3　试验里程和测量次数

摩托车类型	初次试验里程/km	最少试验里程/km	最少测量次数
Ⅰ	2500	6000	4
Ⅱ	2500	9000	4
Ⅲ	3500	15000	4

六、执行日期

　　1. 型式核准：2008 年 7 月 1 日。

　　2. 全国范围内所有制造、销售、注册登记执行日期：两轮摩托车 2010 年 7 月 1 日；三轮摩托车 2011 年 7 月 1 日。

GB 18176—2007 轻便摩托车污染物排放限值及测量方法（工况法，中国第Ⅲ阶段）

一、概览

本标准规定了两轮或三轮轻便摩托车工况法排气污染物的排放限值及测量方法、曲轴箱污染物排放要求、污染控制装置的耐久性要求。本标准规定了两轮和三轮轻便摩托车第Ⅲ阶段型式核准的要求、生产一致性检查和判定方法。

二、适用范围

本标准适用于整车整备质量不大于 400kg、发动机排量不大于 50mL 或最大设计车速不大于 50km/h 的装有点燃式发动机的两轮或三轮轻便摩托车。

三、采标情况

本标准修改采用欧盟（EU）对 97/24/EC 指令《关于两轮和三轮摩托车主要部件和特性》中第五章附录 2《关于轻便摩托车产生的排气污染物测量要求》中型式核准试验要求和 2002/24/EC 指令《关于两轮和三轮摩托车型式试验的规定》中生产一致性检查要求，以及欧盟《适应技术进步修订 97/24/EC 指令和 2002/24/EC 指令》草案中耐久性试验要求的有关技术内容。

四、污染物排放试验

污染物排放试验的试验方法与技术要求标准规定进行，试验项目包括常温下冷起动后排气污染物平均排放量的测量、曲轴箱污染物排放试验和污染控制装置耐久性试验。

五、污染物排放限值

1. Ⅰ型试验（常温下冷起动后排气污染物平均排放量的检验）。每次试验所得到的一氧化碳、碳氢化合物和氮氧化物的测量值均应低于表7-4中规定的排放限值。

表7-4　轻型摩托车排气污染物排放限值

排气污染物	排放限值/（g/km）	
	两轮轻便摩托车	三轮轻便摩托车
CO，L_1	1.0	3.5
HC+NO$_x$，L_2	1.2	1.2

2. Ⅲ型试验（曲轴箱污染物排放试验）。发动机曲轴箱通风系统不允许有任何气体排入大气。

3. Ⅴ型试验（污染控制装置耐久性试验）。所有轻便摩托车Ⅴ型试验总里程为10000km，在整个污染控制装置耐久性试验中，其排气污染物应达到Ⅰ型试验限值的规定。

Ⅴ型试验的排气污染物排放量的测量包括从初次试验里程直到最少试验里程（即：耐久试验总里程的50%），以相等的试验间隔里程，根据Ⅰ型试验要求，到少进行4次轻便摩托车排气污染物排放量测量（见表7-5）。所有测量应在保养前或后行驶500km以外的试验里程进行。

表7-5　试验里程和测量次数

初次试验里程/km	最少试验里程/km	最少测量次数
1000	5000	4

六、执行日期

1. 型式核准：2008年7月1日。

2. 全国范围内所有制造、销售、注册登记执行日期：两轮轻便摩托车2010年7月1日；三轮轻便摩托车2011年7月1日。

GB 20998—2007 摩托车和轻便摩托车燃油蒸发污染物排放限值及测量方法

一、概览

本标准规定了摩托车和轻便摩托车燃油蒸发污染物排放限值及测量方法。本标准规定了摩托车和轻便摩托车燃油蒸发污染物排放型式核准的要求、生产一致性检查和判定方法。

二、适用范围

本标准适用于以汽油为燃料的摩托车和轻便摩托车（以下统称摩托车）。

三、采标情况

本标准有关技术内容参照国家污染物排放标准《轻型汽车污染物排放限值及测量方法（Ⅱ）》（GB 18352.2—2001）、泰国《摩托车燃油蒸发污染物排放标准》［TIS 2130 - 2545（2002）］等标准制定。

四、污染物排放试验

蒸发污染物排放试验由下列阶段：

——试验准备；

——测量昼间换气损失；

——热浸损失测定。

将昼间换气损失试验和热浸损失试验测得的蒸发污染物质量相加作为试验的总结果。

五、污染物排放限值

摩托车型式核准燃油蒸发污染物排放限值见表 7-6。

表 7-6　燃油蒸发污染物排放限值

蒸发污染物	限值/（g/试验）	
	轻便摩托车	摩托车
HC	2.0	

六、执行日期

本标准规定的型式核准执行时间为 2008 年 7 月 1 日。自规定型式核准执行日期之后一年起，所有生产、进口和销售的摩托车，其燃油蒸发污染排放应符合本标准的要求。

第三篇　燃料标准

第八章

汽油标准

GB 17930—2013 车用汽油

一、概览

本标准规定了车用汽油的术语和定义、产品分类、要求和试验方法、取样、标志、包装、运输和贮存、安全及实施过渡期。

二、适用范围

本标准适用于由液体烃类或由液体烃类及改善使用性能的添加剂组成的车用汽油。

三、采标情况

本标准未采用国外或国际标准法规。

四、技术要求和试验方法

车用汽油（Ⅲ）和车用汽油（Ⅳ）的技术要求和试验方法见表8-1和表8-2。

表8-1 车用汽油（Ⅲ）的技术要求和试验方法

项目		质量指标			试验方法
		90	93	97	
抗爆性： 研究法辛烷值（RON）	不小于	90	93	97	GB/T 5487
抗爆指数（RON+MON）/2	不小于	85	88	报告	GB/T 503、 GB/T 5487
铅含量[a]/（g/L）	不大于		0.005		GB/T 8020

表 8-1（续）

项目		质量指标			试验方法
		90	93	97	
馏程：					
10％蒸发温度/℃	不高于		70		GB/T 6536
50％蒸发温度/℃	不高于		120		
90％蒸发温度/℃	不高于		190		
终馏点/℃	不高于		205		
残留量（体积分数）/％	不大于		2		
蒸气压/kPa					GB/T 8017
11月1日至4月30日	不大于		88		
5月1日至10月31日	不大于		72		
胶质含量/（mg/100mL）	不大于				GB/T 8019
未洗胶质含量（加入清净剂前）			30		
溶剂洗胶质含量			5		
诱导期/min	不小于		480		GB/T 8018
硫含量[b]/（mg/kg）	不大于		150		SH/T 0689
硫醇（满足下列指标之一，即判断为合格）：					
博士试验			通过		SH/T 0174
硫醇硫含量（质量分数）/％	不大于		0.001		GB/T 1792
铜片腐蚀（50℃，3h）/级	不大于		1		GB/T 5096
水溶性酸或碱			无		GB/T 259
机械杂质及水分			无		目测[c]
苯含量[d]（体积分数）/％	不大于		1.0		SH/T 0713
芳烃含量[e]（体积分数）/％	不大于		40		GB/T 11132
烯烃含量[e]（体积分数）/％	不大于		30		GB/T 11132
氧含量（质量分数）/％	不大于		2.7		SH/T 0663
甲醇含量[a]（质量分数）/％	不大于		0.3		SH/T 0663
锰含量[f]/（g/L）	不大于		0.016		SH/T 0711

表 8-1（续）

项目		质量指标			试验方法
		90	93	97	
铁含量[a]/（g/L）	不大于		0.01		SH/T 0712

[a] 车用汽油中，不得人为加入甲醇以及含铅或含铁的添加剂。

[b] 也可以采用 GB/T 380、GB/T 11140、SH/T 0253、SH/T 0742、ASTM D7039，在有异议时，以 SH/T 0689 测定结果为准。

[c] 将试样注入 100mL 玻璃量筒中观察，应当透明，没有悬浮和沉降的机械杂质和水分。在有异议时，以 GB/T 511 和 GB/T 260 测定结果为准。

[d] 也可采用 SH/T 0693，在有异议时，以 SH/T 0713 测定结果为准。

[e] 对于 97 号车用汽油，在烯烃、芳烃总含量控制不变的前提下，可允许芳烃的最大值为 42%（体积分数）。也可采用 NB/SH/T 0741，在有异议时，以 GB/T 11132 测定结果为准。

[f] 锰含量是指汽油中以甲基环戊二烯三羰基锰形式存在的总锰含量，不得加入其他类型的含锰添加剂。

表 8-2　车用汽油（Ⅳ）的技术要求和试验方法

项目		质量指标			试验方法
		90	93	97	
抗爆性：					
研究法辛烷值（RON）	不小于	90	93	97	GB/T 5487
抗爆指数（RON+MON）/2	不小于	85	88	报告	GB/T 503、GB/T 5487
铅含量[a]/（g/L）	不大于		0.005		GB/T 8020
馏程：					
10%蒸发温度/℃	不高于		70		GB/T 6536
50%蒸发温度/℃	不高于		120		
90%蒸发温度/℃	不高于		190		
终馏点/℃	不高于		205		
残留量（体积分数）/%	不大于		2		
蒸气压[b]/kPa					
11 月 1 日至 4 月 30 日			42～85		GB/T 8017
5 月 1 日至 10 月 31 日			40～68		

表 8-2（续）

项目		质量指标			试验方法
		90	93	97	
胶质含量/（mg/100mL） 不大于 未洗胶质含量（加入清净剂前） 溶剂洗胶质含量			30 5		GB/T 8019
诱导期/min 不小于			480		GB/T 8018
硫含量c/（mg/kg） 不大于			50		SH/T 0689
硫醇（满足下列指标之一，即判断为合格）： 博士试验 硫醇硫含量（质量分数）/% 不大于			通过 0.001		SH/T 0174 GB/T 1792
铜片腐蚀（50℃，3h）/级 不大于			1		GB/T 5096
水溶性酸或碱			无		GB/T 259
机械杂质及水分			无		目测d
苯含量e（体积分数）/% 不大于			1.0		SH/T 0713
芳烃含量f（体积分数）/% 不大于			40		GB/T 11132
烯烃含量f（体积分数）/% 不大于			28		GB/T 11132
氧含量（质量分数）/% 不大于			2.7		SH/T 0663
甲醇含量a（质量分数）/% 不大于			0.3		SH/T 0663
锰含量g/（g/L） 不大于			0.008		SH/T 0711
铁含量a/（g/L） 不大于			0.01		SH/T 0712

a 车用汽油中，不得人为加入甲醇以及含铅或含铁的添加剂。

b 也可采用 SH/T 0794，在有异议时，以 GB/T 8017 测定结果为准。

c 也可采用 GB/T 11140、SH/T 0253、ASTM D7039。在有异议时，以 SH/T 0689测定结果为准。

d 将试样注入 100mL 玻璃量筒中观察，应当透明，没有悬浮和沉降的机械杂质和水分。在有异议时，以 GB/T 511 和 GB/T 260 测定结果为准。

e 也可采用 SH/T 0693，在有异议时，以 SH/T 0713 测定结果为准。

f 对于 97 号车用汽油，在烯烃、芳烃总含量控制不变的前提下，可允许芳烃的最大值为 42%（体积分数）。也可采用 NB/SH/T 0741，在有异议时，以 GB/T 11132测定结果为准。

g 锰含量是指汽油中以甲基环戊二烯三羰基锰形式存在的总锰含量，不得加入其他类型的含锰添加剂。

89 号、92 号和 95 号车用汽油（Ⅴ）的技术要求和试验方法见表 8-3。

表 8-3　车用汽油（Ⅴ）的技术要求和试验方法

项目		质量指标			试验方法
		89	92	95	
抗爆性：					
研究法辛烷值（RON）	不小于	89	92	95	GB/T 5487
抗爆指数（RON+MON）/2	不小于	84	87	90	GB/T 503、GB/T 5487
铅含量[a]/（g/L）	不大于	0.005			GB/T 8020
馏程：					
10%蒸发温度/℃	不高于	70			
50%蒸发温度/℃	不高于	120			
90%蒸发温度/℃	不高于	190			GB/T 6536
终馏点/℃	不高于	205			
残留量（体积分数）/%	不大于	2			
蒸气压[b]/kPa					
11 月 1 日至 4 月 30 日		45~85			GB/T 8017
5 月 1 日至 10 月 31 日		40~65[c]			
胶质含量/（mg/100mL）	不大于				
未洗胶质含量（加入清净剂前）		30			GB/T 8019
溶剂洗胶质含量		5			
诱导期/min	不小于	480			GB/T 8018
硫含量[d]/（mg/kg）	不大于	10			SH/T 0689
硫醇（满足下列指标之一，即判断为合格）：					
博士试验		通过			SH/T 0174
硫醇硫含量（质量分数）/%	不大于	0.001			GB/T 1792
铜片腐蚀（50℃，3h）/级	不大于	1			GB/T 5096
水溶性酸或碱		无			GB/T 259
机械杂质及水分		无			目测[e]
苯含量[f]（体积分数）/%	不大于	1.0			SH/T 0713

133

表 8 - 3（续）

项目		质量指标			试验方法
		89	92	95	
芳烃含量[g]（体积分数）/％	不大于	40			GB/T 11132
烯烃含量[g]（体积分数）/％	不大于	24			GB/T 11132
氧含量（质量分数）/％	不大于	2.7			SH/T 0663
甲醇含量[a]（质量分数）/％	不大于	0.3			SH/T 0663
锰含量[a]/（g/L）	不大于	0.002			SH/T 0711
铁含量[a]/（g/L）	不大于	0.01			SH/T 0712
密度[h]（20℃）/（kg/m³）		720～775			GB/T 1884, GB/T 1885

[a] 车用汽油中，不得人为加入甲醇以及含铅、含铁和含锰的添加剂。

[b] 也可采用 SH/T 0794，在有异议时，以 GB/T 8017 测定结果为准。

[c] 广东、广西和海南全年执行此项要求。

[d] 也可采用 GB/T 11140、SH/T 0253、ASTM D7039，在有异议时，以 SH/T 0689 测定结果为准。

[e] 将试样注入 100mL 玻璃量筒中观察，应当透明，没有悬浮和沉降的机械杂质和水分。在有异议时，以 GB/T 511 和 GB/T 260 测定结果为准。

[f] 也可采用 SH/T 0693，在有异议时，以 SH/T 0713 测定结果为准。

[g] 对于 95 号车用汽油，在烯烃、芳烃总含量控制不变的前提下，可允许芳烃的最大值为 42％（体积分数）也可采用 NB/SH/T 0741，在有异议时，以 GB/T 11132 测定结果为准。

[h] 密度允许用 SH/T 0604 方法测定，在有异议时，以 GB/T 1884、GB/T 1885 方法测定结果为准。

98 号车用汽油（Ⅴ）的技术要求和试验方法见表 8 - 4。

表 8 - 4　98 号车用汽油（Ⅴ）的技术要求和试验方法

项目		质量指标	试验方法
抗爆性：			
研究法辛烷值（RON）	不小于	98	GB/T 5487
抗爆指数（RON＋MON）/2	不小于	93	GB/T 503、GB/T 5487

表 8 - 4（续）

项目		质量指标	试验方法
铅含量^a / （g/L） 不大于		0.005	GB/T 8020
馏程：			
10%蒸发温度/℃ 不高于		70	
50%蒸发温度/℃ 不高于		120	
90%蒸发温度/℃ 不高于		190	GB/T 6536
终馏点/℃ 不高于		205	
残留量（体积分数）/% 不大于		2	
蒸气压^b/kPa			
11 月 1 日至 4 月 30 日		45～85	GB/T 8017
5 月 1 日至 10 月 31 日		40～65^c	
胶质含量/（mg/100mL） 不大于			
未洗胶质含量（加入清净剂前）		30	GB/T 8019
溶剂洗胶质含量		5	
诱导期/min 不小于		480	GB/T 8018
硫含量^d / （mg/kg） 不大于		10	SH/T 0689
硫醇（满足下列指标之一，即判断为合格）：			
博士试验		通过	SH/T 0174
硫醇硫含量（质量分数）/% 不大于		0.001	GB/T 1792
铜片腐蚀（50℃，3h）/级 不大于		1	GB/T 5096
水溶性酸或碱		无	GB/T 259
机械杂质及水分		无	目测^e
苯含量^f（体积分数）/% 不大于		1.0	SH/T 0713
芳烃含量^g（体积分数）/% 不大于		40	GB/T 11132
烯烃含量^g（体积分数）/% 不大于		24	GB/T 11132
氧含量（质量分数）/% 不大于		2.7	SH/T 0663
甲醇含量^a（质量分数）/% 不大于		0.3	SH/T 0663

表 8-4（续）

项目		质量指标	试验方法
锰含量[a]/（g/L）	不大于	0.002	SH/T 0711
铁含量[a]/（g/L）	不大于	0.01	SH/T 0712
密度[h]（20℃）/（kg/m³）		720～775	GB/T 1884、GB/T 1885

[a] 车用汽油中，不得人为加入甲醇以及含铅、含铁和含锰的添加剂。

[b] 也可采用 SH/T 0794，在有异议时，以 GB/T 8017 测定结果为准。

[c] 广东、广西和海南全年执行此项要求。

[d] 也可采用 GB/T 11140、SH/T 0253、ASTM D7039，在有异议时，以 SH/T 0689 测定结果为准。

[e] 将试样注入 100mL 玻璃量筒中观察，应当透明，没有悬浮和沉降的机械杂质和水分。在有异议时，以 GB/T 511 和 GB/T 260 测定结果为准。

[f] 也可采用 SH/T 0693，在有异议时，以 SH/T 0713 测定结果为准。

[g] 对于 98 号车用汽油，在烯烃、芳烃总含量控制不变的前提下，可允许芳烃的最大值为 42%（体积分数）也可采用 NB/SH/T 0741，在有异议时，以 GB/T 11132 测定结果为准。

[h] 密度允许用 SH/T 0604 方法测定，在有异议时，以 GB/T 1884、GB/T 1885 方法测定结果为准。

五、执行日期

本标准自发布之日（2013 年 12 月 18 日）起实施，实行逐步引入的过渡期要求。Ⅳ阶段技术要求自 2014 年 1 月 1 日起实施；Ⅴ阶段技术要求自 2018 年 1 月 1 日起实施。根据 2015 年 4 月 28 日国务院会议，全国供应国五标准的汽柴油时间由原来的 2018 年 1 月提前到 2017 年 1 月。

第九章

柴油标准

GB 19147—2013 车用柴油（Ⅴ）

一、概览

本标准规定了车用柴油的术语和定义、产品分类、技术要求和试验方法、取样、标志、包装、运输和贮存及安全。

二、适用范围

本标准适用于压燃式发动机汽车使用的、由石油制取或加有改善使用性能添加剂的车用柴油。本标准不适用于以生物柴油为调合组分的车用柴油。

三、采标情况

本标准未采用国外或国际标准法规。

四、技术要求和试验方法

车用柴油（Ⅲ），车用柴油（Ⅳ）、车用柴油（Ⅴ）技术要求和试验方法分别见表9-1、表9-2和表9-3。

表 9 - 1　车用柴油(Ⅲ)技术要求和试验方法

项目		5 号	0 号	-10 号	-20 号	-35 号	-50 号	试验方法
氧化安定性(以总不溶物计)/(mg/100mL)	不大于	2.5						SH/T 0175
硫含量ᵃ/(mg/kg)	不大于	350						SH/T 0689
酸度(以 KOH 计)/(mg/100mL)	不大于	7						GB/T 258
10%蒸余物残炭ᵇ(质量分数)/%	不大于	0.3						GB/T 268
灰分(质量分数)/%	不大于	0.01						GB/T 508
铜片腐蚀(50℃.3h)/级	不大于	1						GB/T 5096
水分ᶜ(体积分数)/%	不大于	痕迹						GB/T 260
机械杂质ᵈ	不大于	无						GB/T 511
润滑性　校正磨痕直径(60℃)/μm	不大于	460						SH/T 0765
多环芳香烃ᶜ(质量分数)/%	不大于	11						SH/T 0606
运动黏度(20℃)/(mm²/s)		3.0~8.0		2.5~8.0		1.8~7.0		GB/T 265
凝点/℃	不高于	5	0	-10	-20	-35	-50	GB/T 510
冷凝点/℃	不高于	8	4	-5	-14	-29	-44	SH/T 0248
闪点(闭口)/℃	不低于	55		50		45		GB/T 261
着火性(需满足下列要求之一)　十六烷值	不小于	49		46		45		GB/T 386
十六烷指数	不小于	46		46		43		SH/T 0694

表9-1（续）

项目		5号	0号	-10号	-20号	-35号	-50号	试验方法
馏程								
50%蒸发温度/℃	不高于			300				GB/T 6536
90%蒸发温度/℃	不高于			355				
95%蒸发温度/℃	不高于			365				
密度g(20℃)/(kg/m³)			810~850		790~840			GB/T 1884 GB/T 1885
脂肪酸甲酯h（体积分数）/%	不大于			1.0				GB/T 23801

a 也可采用GB/T 380、GB/T 11140、GB/T 17040进行测定，结果有异议时，以SH/T 0689方法为准。

b 允许采用GB/T 17144进行测定，结果有异议时，以GB/T 268方法为准。若车用柴油中含有硝酸酯型十六烷值改进剂，10%蒸余物残炭的测定，应用不加硝酸酯的基础燃料进行。车用柴油中是否含有硝酸酯型十六烷值改进剂的检验方法见附录B。

c 可用目测法，即将试样注入100mL玻璃量筒中，在室温（20℃±5℃）下观察，应当透明，没有悬浮和沉降的水分。结果有异议时，按GB/T 260测定。

d 可用目测法，即将试样注入100mL玻璃量筒中，在室温（20℃±5℃）下观察，应当透明，没有悬浮和沉降的水分。结果有异议时，按GB/T 511测定。

e 也可采用SH/T 0806进行测定，结果有异议时，以SH/T 0606方法为准。

f 十六烷指数的计算也可采用GB/T 11139，结果有异议时，以GB/T 386方法为准。

g 也可采用SH/T 0604进行测定，结果有异议时，以GB/T 1884和GB/T 1885方法为准。

h 脂肪酸甲酯应满足GB/T 20828要求。

表9-2　车用柴油(Ⅳ)技术要求和试验方法

项目		5号	0号	-10号	-20号	-35号	-50号	试验方法
氧化安定性(以总不溶物计)/(mg/100mL)	不大于	2.5						SH/T 0175
硫含量a/(mg/kg)	不大于	50						SH/T 0689
酸度(以KOH计)/(mg/100mL)	不大于	7						GB/T 258
10%蒸余物残炭b(质量分数)/%	不大于	0.3						GB/T 268
灰分(质量分数)/%	不大于	0.01						GB/T 508
铜片腐蚀(50℃,3h)/级	不大于	1						GB/T 5096
水分c(体积分数)/%	不大于	痕迹						GB/T 260
机械杂质d		无						GB/T 511
润滑性 校正磨痕直径(60℃)/μm	不大于	460						SH/T 0765
多环芳香烃含量e(质量分数)/%	不大于	11						SH/T 0606
运动黏度(20℃)/(mm²/s)		3.0~8.0		2.5~8.0		1.8~7.0		GB/T 265
凝点/℃	不高于	5	0	-10	-20	-35	-50	GB/T 510
冷滤点/℃	不高于	8	4	-5	-14	-29	-44	SH/T 0248
闪点(闭口)/℃	不低于	55		50		45		GB/T 261
十六烷值	不小于	49		46		45		GB/T 386
十六烷指数f	不小于	46		46		43		SH/T 0694

表9-2(续)

项目		5号	0号	-10号	-20号	-35号	-50号	试验方法
馏程								
50%蒸发温度/℃	不高于			300				GB/T 6536
90%蒸发温度/℃	不高于			355				
95%蒸发温度/℃	不高于			365				
密度^g(20℃)/(kg/m³)			810~850			790~840		GB/T 1884 GB/T 1885
脂肪酸甲酯^h(体积分数)/%	不大于			1.0				GB/T 23801

a 也可采用 GB/T 11140 和 ASTM D7039 进行测定,结果有异议时,以 SH/T 0689 方法为准。

b 也可采用 GB/T 17144 进行测定,结果有异议时,以 GB/T 268 方法为准。若车用柴油中含有硝酸酯型十六烷值改进剂,10%蒸余物残炭的测定,应用不加硝酸酯的基础燃料的测定。车用柴油中是否含有硝酸酯型十六烷值改进剂的检验方法见附录 B。

c 可用目测法,即将试样注入 100mL 玻璃量筒中,在室温(20℃±5℃)下观察,应当透明,没有悬浮和沉降的水分。结果有异议时,按 GB/T 260 测定。

d 可用目测法,即将试样注入 100mL 玻璃量筒中,在室温(20℃±5℃)下观察,应当透明,没有悬浮和沉降的水分。结果有异议时,按 GB/T 511 测定。

e 也可采用 SH/T 0806 进行测定,结果有异议时,以 SH/T 0606 方法为准。

f 十六烷指数的计算也可采用 GB/T 11139。

g 也可采用 SH/T 0604 进行测定,结果有异议时,以 GB/T 1884 和 GB/T 1885 方法为准。

h 脂肪酸甲酯应满足 GB/T 20828 要求。

表9-3　车用柴油(Ⅴ)技术要求和试验方法

项目	5号	0号	-10号	-20号	-35号	-50号	试验方法
氧化安定性(以总不溶物计)/(mg/100mL)　不大于	2.5	2.5	2.5	2.5	2.5	2.5	SH/T 0175
硫含量[a]/(mg/kg)　不大于	10	10	10	10	10	10	SH/T 0689
酸度(以KOH计)/(mg/100mL)　不大于	7	7	7	7	7	7	GB/T 258
10%蒸余物残炭[b](质量分数)/%　不大于	0.3	0.3	0.3	0.3	0.3	0.3	GB/T 268
灰分(质量分数)/%　不大于	0.01	0.01	0.01	0.01	0.01	0.01	GB/T 508
铜片腐蚀(50℃,3h)/级　不大于	1	1	1	1	1	1	GB/T 5096
水分[c](体积分数)/%　不大于	痕迹	痕迹	痕迹	痕迹	痕迹	痕迹	GB/T 260
机械杂质[d]	无	无	无	无	无	无	GB/T 511
润滑性							
校正磨痕直径(60℃)/μm　不大于	460	460	460	460	460	460	SH/T 0765
多环芳烃含量[e](质量分数)/%　不大于	11	11	11	11	11	11	SH/T 0606
运动黏度(20℃)/(mm²/s)	3.0~8.0	3.0~8.0	3.0~8.0	2.5~8.0	1.8~7.0	1.8~7.0	GB/T 265
凝点/℃　不高于	5	0	-10	-20	-35	-50	GB/T 510
冷滤点/℃　不高于	8	4	-5	-14	-29	-44	SH/T 0248
闪点(闭口)/℃　不低于	55	55	55	50	50	45	GB/T 261
十六烷值　不小于	51	51	49	49	47	47	GB/T 386
十六烷指数[f]　不小于	46	46	46	46	43	43	SH/T 0694

表 9 – 3(续)

项目		5号	0号	-10号	-20号	-35号	-50号	试验方法
馏程								
50%蒸发温度/℃	不高于			300				GB/T 6536
90%蒸发温度/℃	不高于			355				
95%蒸发温度/℃	不高于			365				
密度g(20℃)/(kg/m³)			810~850			790~840		GB/T 1884 GB/T 1885
脂肪酸甲酯h(体积分数)/%	不大于				1.0			GB/T 23801

a 也可采用 GB/T 11140 和 ASTM D7039 进行测定,结果有异议时,以 SH/T 0689 方法为准。

b 也可采用 GB/T 17144 进行测定,结果有异议时,以 GB/T 268 方法为准。 若车用柴油中含有硝酸酯型十六烷值改进剂,10%蒸余物残炭的测定,应用不加硝酸酯的基础燃料进行。 车用柴油中是否含有硝酸酯型十六烷值改进剂的检验方法见附录 B。

c 可用目测法,即将试样注入 100mL 玻璃量筒中,在室温(20℃±5℃)下观察,应当透明,没有悬浮和沉降的水分。 结果有异议时,按 GB/T 260 测定。

d 可用目测法,即将试样注入 100mL 玻璃量筒中,在室温(20℃±5℃)下观察,应当透明,没有悬浮和沉降的水分。 结果有异议时,按 GB/T 511 测定。

e 也可采用 SH/T 0806 进行测定,结果有异议时,以 SH/T 0606 方法为准。

f 十六烷指数的计算也可采用 GB/T 11139。 结果有异议时,以 SH/T 0694 方法为准。

g 也可采用 SH/T 0604 进行测定,结果有异议时,以 GB/T 1884 和 GB/T 1885 方法为准。

h 脂肪酸甲酯应满足 GB/T 20828 要求。

五、执行日期

本标准自 2013 年 6 月 8 日起实施，实行逐步引入的过渡期要求。Ⅳ阶段自 2015 年 1 月 1 日起实施；Ⅴ阶段技术要求自 2018 年 1 月1 日起实施。根据 2015 年 4 月 28 日国务院会议，全国供应国五标准的汽柴油时间由原来的 2018 年 1 月，提前到 2017 年 1 月。

第十章

乙醇汽油

GB 18351—2015 车用乙醇汽油（E10）

一、概览

本标准规定了车用乙醇汽油（E10）的术语和定义、产品分类、要求和试验方法、取样、标志、包装、运输和贮存、安全及实施过渡期。

二、适用范围

本标准适用于在不添加含氧化合物的液体烃类中加入一定量变性燃料乙醇及改善使用性能的添加剂组成的车用乙醇汽油（E10）。

三、采标情况

本标准未采用国外或国际标准法规。

四、技术要求和试验方法

车用乙醇汽油（E10）（Ⅳ）的技术要求和试验方法见表 10 - 1。

表 10 - 1　车用乙醇汽油（E10）（Ⅳ）的技术要求和试验方法

项目		质量指标			试验方法
		90	93	97	
抗爆性： 研究法辛烷值（RON）	不小于	90	93	97	GB/T 5487
抗爆指数（RON＋MON）/2	不小于	85	88	报告	GB/T 503、 GB/T 5487
铅含量[a]/（g/L）	不大于		0.005		GB/T 8020

表 10 - 1（续）

项目		质量指标			试验方法
		90	93	97	
馏程： 10％蒸发温度/℃　　　　　不高于 50％蒸发温度/℃　　　　　不高于 90％蒸发温度/℃　　　　　不高于 终馏点/℃　　　　　　　　不高于 残留量（体积分数）/％　　不大于		70 120 190 205 2			GB/T 6536
蒸气压ᵇ/kPa 11 月 1 日至 4 月 30 日　　不大于 5 月 1 日至 10 月 31 日　　不大于		42～85 40～68			GB/T 8017
胶质含量/（mg/100mL）　　不大于 未洗胶质含量（加入清净剂前） 溶剂洗胶质含量		30 5			GB/T 8019
诱导期/min　　　　　　　　不小于		480			GB/T 8018
硫含量ᶜ/（mg/kg）　　　　不大于		50			SH/T 0689
硫醇（满足下列指标之一，即判断为合格）： 博士试验 硫醇硫含量（质量分数）/％　不大于		通过 0.001			SH/T 0174 GB/T 1792
铜片腐蚀（50℃，3h），级　不大于		1			GB/T 5096
水溶性酸或碱		无			GB/T 259
机械杂质ᵈ		无			GB/T 511
水分（质量分数）/％　　　不大于		0.20			SH/T 0246
乙醇含量（体积分数）/％　不大于		10.0±2.0			SH/T 0663
其他有机物含氧化合物（质量分数）ᵉ/％　不大于		0.5			SH/T 0663
苯含量ᶠ（体积分数）/％　　不大于		1.0			SH/T 0713
芳烃含量ᵍ（体积分数）/％　不大于		40			GB/T 11132
烯烃含量ᵍ（体积分数）/％　不大于		28			GB/T 11132

表 10 - 1（续）

项目		质量指标			试验方法
		90	93	97	
锰含量ʰ/（g/L）	不大于	0.008			SH/T 0711
铁含量ᵃ/（g/L）	不大于	0.01			SH/T 0712

ᵃ 车用乙醇汽油（E10）中，不得人为加入含铅或含铁的添加剂。

ᵇ 允许采用 SH/T 0794，在有异议时，以 GB/T 8017 测定结果为准。

ᶜ 允许采用 GB/T 11140、SH/T 0253。在有异议时，以 SH/T 0689 测定结果为准。

ᵈ 允许采用目测法，将试样注入 100mL 玻璃量筒中观察，应当透明，没有悬浮和沉降的机械杂质和水分。在有异议时，以 GB/T 511 测定结果为准。

ᵉ 不得人为加入。允许采用 SH/T 0720 进行测定，在有异议时，以 SH/T 0633 测定结果为准。

ᶠ 允许采用 SH/T 0713 进行测定。在有异议时，以 SH/T 0693 方法测定结果为准。

ᵍ 对于 97 号车用乙醇汽油（E10），在烯烃、芳烃总含量控制不变的前提下，可允许芳烃的最大值为 42%（体积分数）。也可采用 NB/SH/T 0741，在有异议时，以 GB/T 11132 测定结果为准。

ʰ 锰含量是指汽油中以甲基环戊二烯三羰基锰形式存在的总锰含量，不得加入其他类型的含锰添加剂。

89 号、92 号和 95 号车用乙醇汽油（E10）（Ⅴ）的技术要求和试验方法见表 10 - 2。

表 10 - 2 车用乙醇汽油（E10）（Ⅴ）的技术要求和试验方法

项目		质量指标			试验方法
		89	92	95	
抗爆性： 研究法辛烷值（RON）	不小于	89	92	95	GB/T 5487
抗爆指数（RON+MON）/2	不小于	84	87	90	GB/T 503、 GB/T 5487
铅含量ᵃ/（g/L）	不大于	0.005			GB/T 8020

表 10-2（续）

项目		质量指标			试验方法
		89	92	95	
馏程：					
10％蒸发温度/℃	不高于		70		GB/T 6536
50％蒸发温度/℃	不高于		120		
90％蒸发温度/℃	不高于		190		
终馏点/℃	不高于		205		
残留量（体积分数）/％	不大于		2		
蒸气压b/kPa					GB/T 8017
11月1日至4月30日	不大于		42~85		
5月1日至10月31日	不大于		40~65c		
胶质含量/（mg/100mL）	不大于				GB/T 8019
未洗胶质含量（加入清净剂前）			30		
溶剂洗胶质含量			5		
诱导期/min	不小于		480		GB/T 8018
硫含量d/（mg/kg）	不大于		10		SH/T 0689
硫醇（满足下列指标之一，即判断为合格）：					
博士试验			通过		SH/T 0174
硫醇硫含量（质量分数）/％	不大于		0.001		GB/T 1792
铜片腐蚀（50℃，3h）/级	不大于		1		GB/T 5096
水溶性酸或碱			无		GB/T 259
机械杂质e			无		GB/T 511
水分（质量分数）/％	不大于		0.20		SH/T 0246
乙醇含量（体积分数）/％	不大于		10.0±2.0		SH/T 0663
其他有机物含氧化合物（质量分数）f/％	不大于		0.5		SH/T 0663
苯含量g（体积分数）/％	不大于		1.0		SH/T 0713
芳烃含量h（体积分数）/％	不大于		40		GB/T 11132
烯烃含量h（体积分数）/％	不大于		28		GB/T 11132

表 10 - 2（续）

项目		质量指标			试验方法
		89	92	95	
锰含量/（g/L）	不大于	0.008			SH/T 0711
铁含量[a]/（g/L）	不大于	0.01			SH/T 0712
密度[i]（20℃）/（kg/m³）		720～775			GB/T 1884、GB/T 1885

[a] 车用乙醇汽油（E10）中，不得人为加入含铅、含铁、含锰的添加剂。

[b] 允许采用 SH/T 0794，在有异议时，以 GB/T 8017 测定结果为准。

[c] 广东、广西和海南全年执行此项要求。

[d] 允许采用 GB/T 11140、SH/T 0253 和 ASTM D7039。在有异议时，以 SH/T 0689测定结果为准。

[e] 允许采用目测法，将试样注入 100mL 玻璃量筒中观察，应当透明，没有悬浮和沉降的机械杂质和水分。在有异议时，以 GB/T 511 测定结果为准。

[f] 不得人为加入。允许采用 SH/T 0720 进行测定，在有异议时，以 SH/T 0633 测定结果为准。

[g] 允许采用 SH/T 0713 进行测定。在有异议时，以 SH/T 0693 测定结果为准。

[h] 对于 95 号车用乙醇汽油（E10），在烯烃、芳烃总含量控制不变的前提下，可允许芳烃的最大值为 42%（体积分数）。允许采用 NB/SH/T 0741 进行测定。在有异议时，以 GB/T 11132 测定结果为准。

[i] 允许采用 SH/T 0604 方法测定，在有异议时，以 GB/T 1884、GB/T 1885 测定结果为准。

98 号车用乙醇汽油（E10）（Ⅴ）的技术要求和试验方法见表10 - 3。

表 10 - 3　98 号车用乙醇汽油（E10）（Ⅴ）的技术要求和试验方法

项目		质量指标	试验方法
抗爆性： 研究法辛烷值（RON）	不小于	98	GB/T 5487
抗爆指数（RON＋MON）/2	不小于	93	GB/T 503、GB/T 5487
铅含量[a]/（g/L）	不大于	0.005	GB/T 8020

表 10 - 3（续）

项目		质量指标	试验方法
馏程： 10％蒸发温度/℃	不高于	70	GB/T 6536
50％蒸发温度/℃	不高于	120	
90％蒸发温度/℃	不高于	190	
终馏点/℃	不高于	205	
残留量（体积分数）/％	不大于	2	
蒸气压[b]/kPa 11 月 1 日至 4 月 30 日		45～85	GB/T 8017
5 月 1 日至 10 月 31 日		40～65[c]	
胶质含量/（mg/100mL）	不大于		GB/T 8019
未洗胶质含量（加入清净剂前）		30	
溶剂洗胶质含量		5	
诱导期/min	不小于	480	GB/T 8018
硫含量[d]/（mg/kg）	不大于	10	SH/T 0689
硫醇（满足下列指标之一，即判断为合格）： 博士试验		通过	SH/T 0174
硫醇硫含量（质量分数）/％	不大于	0.001	GB/T 1792
铜片腐蚀（50℃，3h）/级	不大于	1	GB/T 5096
水溶性酸或碱		无	GB/T 259
机械杂质[e]		无	GB/T 511
水分（质量分数）/％	不大于	0.20	SH/T 0246
乙醇含量（体积分数）/％	不大于	10.0±2.0	SH/T 0663
其他有机物含氧化合物（质量分数）[f]/％	不大于	0.5	SH/T 0663
苯含量[g]（体积分数）/％	不大于	1.0	SH/T 0713
芳烃含量[h]（体积分数）/％	不大于	40	GB/T 11132
烯烃含量[h]（体积分数）/％	不大于	28	GB/T 11132

表 10 - 3（续）

项目		质量指标	试验方法
锰含量/（g/L）	不大于	0.008	SH/T 0711
铁含量ª/（g/L）	不大于	0.01	SH/T 0712
密度ⁱ（20℃）/（kg/m³）		720～775	GB/T 1884 GB/T 1885

ª 车用乙醇汽油（E10）中，不得人为加入含铅、含铁、含锰的添加剂。

ᵇ 允许采用 SH/T 0794，在有异议时，以 GB/T 8017 测定结果为准。

ᶜ 广东、广西和海南全年执行此项要求。

ᵈ 允许采用 GB/T 11140、SH/T 0253 和 ASTM D7039。在有异议时，以 SH/T 0689测定结果为准。

ᵉ 允许采用目测法，将试样注入 100mL 玻璃量筒中观察，应当透明，没有悬浮和沉降的机械杂质和水分。在有异议时，以 GB/T 511 测定结果为准。

ᶠ 不得人为加入。允许采用 SH/T 0720 进行测定，在有异议时，以 SH/T 0633 测定结果为准。

ᵍ 允许采用 SH/T 0713 进行测定。在有异议时，以 SH/T 0693 测定结果为准。

ʰ 对于 98 号车用乙醇汽油（E10），在烯烃、芳烃总含量控制不变的前提下，可允许芳烃的最大值为 42%（体积分数）。允许采用 NB/SH/T 0741 进行测定。在有异议时，以 GB/T 11132 测定结果为准。

ⁱ 允许采用 SH/T 0604 方法测定，在有异议时，以 GB/T 1884、GB/T 1885 测定结果为准。

五、执行日期

本标准自发布之日（2015 年 5 月 8 日）起实施，实行逐步引入的过渡期要求。V 阶段技术要求自 2017 年 1 月 1 日起实施。

第四篇　相关政策

第十一章

相关规划与政策

节能与新能源汽车产业发展规划
（2012—2020 年）

汽车产业是国民经济的重要支柱产业，在国民经济和社会发展中发挥着重要作用。随着我国经济持续快速发展和城镇化进程加速推进，今后较长一段时期汽车需求量仍将保持增长势头，由此带来的能源紧张和环境污染问题将更加突出。加快培育和发展节能汽车与新能源汽车，既是有效缓解能源和环境压力，推动汽车产业可持续发展的紧迫任务，也是加快汽车产业转型升级、培育新的经济增长点和国际竞争优势的战略举措。为落实国务院关于发展战略性新兴产业和加强节能减排工作的决策部署，加快培育和发展节能与新能源汽车产业，特制定本规划。规划期为 2012—2020 年。

一、发展现状及面临的形势

新能源汽车是指采用新型动力系统，完全或主要依靠新型能源驱动的汽车，本规划所指新能源汽车主要包括纯电动汽车、插电式混合动力汽车及燃料电池汽车。节能汽车是指以内燃机为主要动力系统，综合工况燃料消耗量优于下一阶段目标值的汽车。发展节能与新能源汽车是降低汽车燃料消耗量，缓解燃油供求矛盾，减少尾气排放，改善大气环境，促进汽车产业技术进步和优化升级的重要举措。

我国新能源汽车经过近 10 年的研究开发和示范运行，基本具备产业化发展基础，电池、电机、电子控制和系统集成等关键技术取得重大进步，纯电动汽车和插电式混合动力汽车开始小规模投放市场。近年来，汽车节能技术推广应用也取得积极进展，通过实施乘用车燃料消耗量限值标准和鼓励购买小排量汽车的财税政策等措施，先进内燃机、高效变速器、轻量化材料、整车优化设计以及混合动力等节能技术和产品得到大力推广，汽车平均燃料消耗量明显降低；天然气等替代燃料汽车技术基本成熟并初步实现产业化，形成了一定市场规模。但总体上看，我国新能源汽车整车和部分核心零部件关键技术尚未突破，产品成本高，社会配套体系不完善，产业化和市场化发展受到制约；汽车节能关键核心技术尚未完全掌握，燃料经济性与国际先进水平相比还有一定差距，节能型小排量汽车市场占有率偏低。

为应对日益突出的燃油供求矛盾和环境污染问题，世界主要汽车生产国纷纷加快部署，将发展新能源汽车作为国家战略，加快推进技术研发和产业化，同时大力发展和推广应用汽车节能技术。节能与新能源汽车已成为国际汽车产业的发展方向，未来 10 年将迎来全球汽车产业转型升级的重要战略机遇期。目前我国汽车产销规模已居世界首位，预计在未来一段时期仍将持续增长，必须抓住机遇、抓紧部署，加快培育和发展节能与新能源汽车产业，促进汽车产业优化升级，实现由汽车工业大国向汽车工业强国转变。

二、指导思想和基本原则

（一）指导思想。

以邓小平理论和"三个代表"重要思想为指导，深入贯彻落实科学发展观，把培育和发展节能与新能源汽车产业作为加快转变经济发展方式的一项重要任务，立足国情，依托产业基础，按照市场主导、创新驱动、重点突破、协调发展的要求，发挥企业主体作用，加大政策扶持力度，营造良好发展环境，提高节能与新能源汽车创新能力和产业化水平，推动汽车产业优化升级，增强汽车工业的整体竞争能力。

（二）基本原则。

坚持产业转型与技术进步相结合。加快培育和发展新能源汽车产业，推动汽车动力系统电动化转型。坚持统筹兼顾，在培育发展新能源汽车产业的同时，大力推广普及节能汽车，促进汽车产业技术升级。

坚持自主创新与开放合作相结合。加强创新发展，把技术创新作为推动我国节能与新能源汽车产业发展的主要驱动力，加快形成具有自主知识产权的技术、标准和品牌。充分利用全球创新资源，深层次开展国际科技合作与交流，探索合作新模式。

坚持政府引导与市场驱动相结合。在产业培育期，积极发挥规划引导和政策激励作用，聚集科技和产业资源，鼓励节能与新能源汽车的开发生产，引导市场消费。进入产业成熟期后，充分发挥市场对产业发展的驱动作用和配置资源的基础作用，营造良好的市场环境，促进节能与新能源汽车大规模商业化应用。

坚持培育产业与加强配套相结合。以整车为龙头，培育并带动动力电池、电机、汽车电子、先进内燃机、高效变速器等产业链加快发展。加快充电设施建设，促进充电设施与智能电网、新能源产业协调发展，做好市场营销、售后服务以及电池回收利用，形成完备的产业配套体系。

三、技术路线和主要目标

（一）技术路线。

以纯电驱动为新能源汽车发展和汽车工业转型的主要战略取向，当前重点推进纯电动汽车和插电式混合动力汽车产业化，推广普及非插电式混合动力汽车、节能内燃机汽车，提升我国汽车产业整体技术水平。

（二）主要目标。

1. 产业化取得重大进展。到 2015 年，纯电动汽车和插电式混合动力汽车累计产销量力争达到 50 万辆；到 2020 年，纯电动汽车和插电式混合动力汽车生产能力达 200 万辆、累计产销量超过 500 万辆，燃料电池汽车、车用氢能源产业与国际同步发展。

2. 燃料经济性显著改善。到 2015 年，当年生产的乘用车平均燃料消耗量降至 6.9 升/百公里，节能型乘用车燃料消耗量降至 5.9 升/百公里以下。到 2020 年，当年生产的乘用车平均燃料消耗量降至 5.0 升/百公里，节能型乘用车燃料消耗量降至 4.5 升/百公里以下；商用车新车燃料消耗量接近国际先进水平。

3. 技术水平大幅提高。新能源汽车、动力电池及关键零部件技术整体上达到国际先进水平，掌握混合动力、先进内燃机、高效变速器、汽车电子和轻量化材料等汽车节能关键核心技术，形成一批具有较强竞争力的节能与新能源汽车企业。

4. 配套能力明显增强。关键零部件技术水平和生产规模基本满足国内市场需求。充电设施建设与新能源汽车产销规模相适应，满足重点区域内或城际间新能源汽车运行需要。

5. 管理制度较为完善。建立起有效的节能与新能源汽车企业和产品相关管理制度，构建市场营销、售后服务及动力电池回收利用体系，完善扶持政策，形成比较完备的技术标准和管理规范体系。

四、主要任务

（一）实施节能与新能源汽车技术创新工程。

增强技术创新能力是培育和发展节能与新能源汽车产业的中心环节，要强化企业在技术创新中的主体地位，引导创新要素向优势企业集聚，完善以企业为主体、市场为导向、产学研用相结合的技术创新体系，通过国家科技计划、专项等渠道加大支持力度，突破关键核心技术，提升产业竞争力。

1. 加强新能源汽车关键核心技术研究。大力推进动力电池技术创新，重点开展动力电池系统安全性、可靠性研究和轻量化设计，加快研制动力电池正负极、隔膜、电解质等关键材料及其生产、控制与检测等装备，开发新型超级电容器及其与电池组合系统，推进动力电池及相关零配件、组合件的标准化和系列化；在动力电池重大基础和前沿技术领域超前部署，重点开展高比能动力电池新材料、新体系以及新结构、新工艺等研究，集中力量突破一批支撑长远发展的关键共性技术。加强新能源汽车关键零部件研发，重点支持驱动电机系统及核心材料，电动空调、电动转向、电动制动器等电动化附件的研发。开展燃料电池电堆、发动机及其关键材料核心技术研究。把握世界新能源汽车发展动向，对其他类型的新能源汽车技术加大研究力度。

到 2015 年，纯电动乘用车、插电式混合动力乘用车最高车速不低于 100 公里/小时，纯电驱动模式下综合工况续驶里程分别不低于 150 公里和 50 公里；动力电池模块比能量达到 150 瓦时/公斤以上，成本降至 2 元/瓦时以下，循环使用寿命稳定达到 2000 次或 10 年以上；电驱动系统功率密度达到 2.5 千瓦/公斤以上，成本降至 200 元/千瓦以下。到 2020 年，动力电池模块比能量达到 300 瓦时/公斤以上，成本降至 1.5 元/瓦时以下。

2. 加大节能汽车技术研发力度。以大幅提高汽车燃料经济性水平为目标，积极推进汽车节能技术集成创新和引进消化吸收再创新。重点开展混合动力技术研究，开发混合动力专用发动机和机电耦合装置，支持开展柴油机高压共轨、汽油机缸内直喷、均质燃烧以及涡轮增压等高效内燃机技术和先进电子控制技术的研发；支持研制六挡及以上机械变速器、双离合器式自动变速器、商用车自动控制机械变速器；突破低阻零部件、轻量化材料与激光拼焊成型技术，大幅提高小排量发动机的技术水平。开展高效控制氮氧化物等污染物排放技术研究。

3. 加快建立节能与新能源汽车研发体系。引导企业加大节能与新能源汽车研发投入，鼓励建立跨行业的节能与新能源汽车技术发展联盟，加快建设共性技术平台。重点开展纯电动乘用车、插电式混合动力乘用车、混合动力商用车、燃料电池汽车等关键核心技术研发；建立相关行业共享的测试平台、产品开发数据库和专利数据库，实现资源共享；整合现有科技资源，建设若干国家级整车及零部件研究试验基地，构建完善的技术创新基础平台；建设若干具有国际先进水平的工程化平台，发展一批企业主导、科研机构和高等院校积极参与的产业技术创新联盟。推动企业实施商标品牌战略，加强知识产权的创造、运用、保护和管理，构建全产业链的专利体系，提升产业竞争能力。

（二）科学规划产业布局。

我国已建设形成完整的汽车产业体系，发展节能与新能源汽车既要利用好现有产业基础，也要充分发挥市场机制作用，加强规划引导，以提高发展效率。

1. 统筹发展新能源汽车整车生产能力。根据产业发展的实际需要和产业政策要求，合理发展新能源汽车整车生产能力。现有汽车企业实施改扩建时要统筹考虑建设新能源汽车产能。在产业发展过程中，要注意防止低水平盲目投资和重复建设。

2. 重点建设动力电池产业聚集区域。积极推进动力电池规模化生产，加快培育和发展一批具有持续创新能力的动力电池生产企业，力争形成2～3家产销规模超过百亿瓦时、具有关键材料研发生产能力的龙头企业，并在正负极、隔膜、电解质等关键材料领域分别形成2～3家骨干生产企业。

3. 增强关键零部件研发生产能力。鼓励有关市场主体积极参与、加大投入力度，发展一批符合产业链聚集要求、具有较强技术创新能力的关键零部件企业，在驱动电机、高效变速器等领域分别培育2～3家骨干企业，支持发展整车企业参股、具有较强国际竞争力的专业化汽车电子企业。

（三）加快推广应用和试点示范。

新能源汽车尚处于产业化初期，需要加大政策支持力度，积极开展推广试点示范，加快培育市场，推动技术进步和产业发展。节能汽车已具备产业化基础，需要综合采用标准约束、财税支持等措施加以推广普及。

1. 扎实推进新能源汽车试点示范。在大中型城市扩大公共服务领域新能源汽车示范推广范围，开展私人购买新能源汽车补贴试点，重点在国家确定的试点城市集中开展新能源汽车产品性能验证及生产使用、售后服务、电池回收利用的综合评价。探索具有商业可行性的市场推广模式，协调发展充电设施，形成试点带动技术进步和产业发展的有效机制。

探索新能源汽车及电池租赁、充换电服务等多种商业模式，形成一批优质的新能源汽车服务企业。继续开展燃料电池汽车运行示范，提高燃料电池系统的可靠性和耐久性，带动氢的制备、储运和加注技术发展。

2. 大力推广普及节能汽车。建立完善的汽车节能管理制度，促进混合动力等各类先进节能技术的研发和应用，加快推广普及节能汽车。出台以企业平均燃料消耗量和分阶段目标值为基础的汽车燃料消耗量管理办法，2012 年开始逐步对在中国境内销售的国产、进口汽车实施燃料消耗量管理，切实开展相关测试和评价考核工作，并提出 2016 至 2020 年汽车产品节能技术指标和年度要求。实施重型商用车燃料消耗量标示制度和氮氧化物等污染物排放公示制度。

3. 因地制宜发展替代燃料汽车。发展替代燃料汽车是减少车用燃油消耗的必要补充。积极开展车用替代燃料制造技术的研发和应用，鼓励天然气（包括液化天然气）、生物燃料等资源丰富的地区发展替代燃料汽车。探索其他替代燃料汽车技术应用途径，促进车用能源多元化发展。

（四）积极推进充电设施建设。

完善的充电设施是发展新能源汽车产业的重要保障。要科学规划，加强技术开发，探索有效的商业运营模式，积极推进充电设施建设，适应新能源汽车产业化发展的需要。

1. 制定总体发展规划。研究制定新能源汽车充电设施总体发展规划，支持各类适用技术发展，根据新能源汽车产业化进程积极推进充电设施建设。在产业发展初期，重点在试点城市建设充电设施。试点城市应按集约化利用土地、标准化施工建设、满足消费者需求的原则，将充电设施纳入城市综合交通运输体系规划和城市建设相关行业规划，科学确定建设规模和选址分布，适度超前建设，积极试行个人和公共停车位分散慢充等充电技术模式。通过总结试点经验，确定符合区域实际和新能源汽车特点的充电设施发展方向。

2. 开展充电设施关键技术研究。加快制定充电设施设计、建设、运行管理规范及相关技术标准，研究开发充电设施接网、监控、计量、计费设备和技术，开展车网融合技术研究和应用，探索新能源汽车作为移动式储能单元与电网实现能量和信息双向互动的机制。

3. 探索商业运营模式。试点城市应加大政府投入力度，积极吸引社会资金参与，根据当地电力供应和土地资源状况，因地制宜建设慢速充电桩、公共快速充换电等设施。鼓励成立独立运营的充换电企业，建立分时段充电定价机制，逐步实现充电设施建设和管理市场化、社会化。

（五）加强动力电池梯级利用和回收管理。

制定动力电池回收利用管理办法，建立动力电池梯级利用和回收管理体系，明确各相关方的责任、权利和义务。引导动力电池生产企业加强对废旧电池的回收利用，鼓励发展专业化的电池回收利用企业。严格设定动力电池回收利用企业的准入条件，明确动力电池收集、存储、运输、处理、再生利用及最终处置等各环节的技术标准和管理要求。加强监管，督促相关企业提高技术水平，严格落实各项环保规定，严防重金属污染。

五、保障措施

（一）完善标准体系和准入管理制度。

进一步完善新能源汽车准入管理制度和汽车产品公告制度，严格执行准入条件、认证要求。加强新能源汽车安全标准的研究与制定，根据应用示范和规模化发展需要，加快研究制定新能源汽车以及充电、加注技术和设施的相关标准。制定并实施分阶段的乘用车、轻型商用车和重型商用车燃料消耗量目标值标准。积极参与制定国际标准。2013年前，基本建立与产业发展和能源规划相适应的节能与新能源汽车标准体系。

（二）加大财税政策支持力度。

中央财政安排资金，对实施节能与新能源汽车技术创新工程给予适当支持，引导企业在技术开发、工程化、标准制定、市场应用等环节加大投入力度，构建产学研用相结合的技术创新体系；对公共服务领域节能与新能源汽车示范、私人购买新能源汽车试点给予补贴，鼓励消费者购买使用节能汽车；发挥政府采购的导向作用，逐步扩大公共机构采购节能与新能源汽车的规模；研究基于汽车燃料消耗水平的奖惩政策，完善相关法律法规。新能源汽车示范城市安排一定资金，重点用于支持充电设施建设、建立电池梯级利用和回收体系等。

研究完善汽车税收政策体系。节能与新能源汽车及其关键零部件企业，经认定取得高新技术企业所得税优惠资格的，可以依法享受相关优惠政策。节能与新能源汽车及其关键零部件企业从事技术开发、转让及相关咨询、服务业务所取得的收入，可按规定享受营业税免税政策。

（三）强化金融服务支撑。

引导金融机构建立鼓励节能与新能源汽车产业发展的信贷管理和贷款评审制度，积极推进知识产权质押融资、产业链融资等金融产品创新，加快建立包括财政出资和社会资金投入在内的多层次担保体系，综合运用风险补偿等政策，促进加大金融支持力度。支持符合条件的节能与新能源汽车及关键零部件企业在境内外上市、发行债务融资工具；支持符合条件的上市公司进行再融资。按照政府引导、市场运作、管理规范、支持创新的原则，支持地方设立节能与新能源汽车创业投资基金，符合条件的可按规定申请中央财政参股，引导社会资金以多种方式投资节能与新能源汽车产业。

（四）营造有利于产业发展的良好环境。

大力发展有利于扩大节能与新能源汽车市场规模的专业服务、增值服务等新业态，建立新能源汽车金融信贷、保险、租赁、物流、二手车交易以及动力电池回收利用等市场营销和售后服务体系，发展新能源汽车及关键零部件质量安全检测服务平台。研究实行新能源汽车停车费减免、充电费优惠等扶持政策。有关地方实施限号行驶、牌照额度拍卖、购车配额指标等措施时，应对新能源汽车区别对待。

（五）加强人才队伍保障。

牢固树立人才第一的思想，建立多层次的人才培养体系，加大人才培养力度。以国家有关专项工程为依托，在节能与新能源汽车关键核心技术领域，培养一批国际知名的领军人才。加强电化学、新材料、汽车电子、车辆工程、机电一体化等相关学科建设，培养技术研究、产品开发、经营管理、知识产权和技术应用等人才。按照《国家中长期人才发展规划纲要（2010—2020 年）》的有关要求推进人才引进工作，鼓励企业、高校和科研机构从国外引进优秀人才。重视发展职业教育和岗位技能提升培训，加大工程技术人员和专业技能人才的培养力度。

（六）积极发挥国际合作的作用。

支持汽车企业、高校和科研机构在节能与新能源汽车基础和前沿技术领域开展国际合作研究，进行全球研发服务外包，在境外设立研发机构、开展联合研发和向国外提交专利申请。积极创造条件开展多种形式的技术交流与合作，学习和借鉴国外先进技术和经验。完善出口信贷、保险等政策，支持新能源汽车产品、技术和服务出口。支持企业通过在境外注册商标、境外收购等方式培育国际化品牌。充分发挥各种多双边合作机制的作用，加强技术标准、政策法规等方面国际交流与协调，合作探索推广新能源汽车的新型商业化模式。

六、规划实施

成立由工业和信息化部牵头，发展改革委、科技部、财政部等部门参加的节能与新能源汽车产业发展部际协调机制，加强组织领导和统筹协调，综合采取多种措施，形成工作合力，加快推进节能与新能源汽车产业发展。各有关部门根据职能分工制定本部门工作计划和配套政策措施，确保完成规划提出的各项目标任务。

有关地区要按照规划确定的目标、任务和政策措施，结合当地实际制定具体落实方案，切实抓好组织实施，确保取得实效。具体工作方案和实施过程中出现的新情况、新问题要及时报送有关部门。

《中国制造 2025》规划系列解读之
推动节能与新能源汽车发展

《中国制造 2025》提出"节能与新能源汽车"作为重点发展领域，明确了"继续支持电动汽车、燃料电池汽车发展，掌握汽车低碳化、信息化、智能化核心技术，提升动力电池、驱动电机、高效内燃机、先进变速器、轻量化材料、智能控制等核心技术的工程化和产业化能力，形成从关键零部件到整车的完成工业体系和创新体系，推动自主品牌节能与新能源汽车与国际先进水平接轨。"的发展战略，为我国节能与新能源汽车产业发展指明了方向。

一、汽车产业是制造强国战略的必然选择

从制造强国看，汽车产业以其在国民经济中的重要地位和对经济增长的重要贡献被列为国家的战略性竞争产业。以汽车为代表的第二次工业革命延续了百余年，欧美日等制造强国也无一不是汽车强国。当前，以第三次工业革命为背景，全球技术创新与经济复苏日趋活跃，汽车产业又是第三次工业革命涉及的数字化、网络化、智能化以及新能源、新材料、新装备等技术创新最全面、大规模的载体与平台，因此再次成为工业革命和工业化水平的代表性产业。

无论是从创新驱动发展，还是国民经济的可持续健康发展，具有大规模效应与产业关联带动作用的汽车产业都应是战略必争产业。中国汽车工业增加值占 GDP 的比重仅为 1.53%，与汽车强国 4% 的水平存在较大差距，其原因就是我们在产业链的低端，是制造而非创造，因此汽车工业做强将为国民经济发展发挥更重要的作用。同时，汽车工业极强的产业关联与带动性，也是中国制造业技术创新水平的集中体现。

二、汽车产业发展面临的主要问题与制约因素

（一）**对汽车产业在制造强国建设和经济转型升级中的重要战略地位认识不足，清晰系统持续的产业发展战略和顶层设计缺失。** 近年来我国汽车产业发展迅猛，但汽车产业发展战略依旧不清晰，缺乏系统完整的汽车强国战略。汽车产业政策的不持续性，导致国内汽车市场波动大，企业产能要么难以适应，要么出现闲置，加剧了国内市场的低水平竞争，产业大而不强。

（二）**关键核心技术受制于人，自主创新能力偏弱。** 目前，我国主要汽车集团在乘用车平台技术、发动机系统、新能源电池等领域仍未完全掌握关键技术，尚未形成完整工业体系及能力。

（三）**缺乏基础研究共性技术平台与创新体系支撑。** 目前，我国初步建立官产学研相结合的创新体系，但是由于产业组织结构、企业规模及治理模式等多种因素制约，对基础共性技术的研究仍偏弱，另外，目前尚无跨行业、跨领域、跨技术的协调管理机制。

（四）**传统汽车产业整体技术水平和研发能力薄弱，供应链体系不完整，制约战略新兴产业的快速发展。** 由于我国传统汽车及其相关产业的创新能力、研发投入强度相对薄弱，相关产业链尚不完善，部分关键零部件原材料和关键元器件依赖国外，制约了节能与新能源汽车的快速发展。

（五）**商业运营模式、人文等软环境发展滞后，自主品牌培育仍需时日。** 目前，汽车产业主导的商业模式仍未确定，汽车文化环境建设滞后，同时国产汽车技术水平、产品质量、性能等方面仍与国际先进水平存在差距，缺乏核心竞争力。

三、节能与新能源汽车是汽车制造强国的必由之路

随着全球汽车保有量的迅速增长，面临能源、环境和安全的压力日益加大。从可持续发展看，汽车产业必须解决能源、污染、安全和拥堵全球公认的四大汽车公害，低碳化、信息化与智能化汽车

已被认为是最终解决方案。

美日欧等国家都已提出了汽车低碳化、电动化、智能化的发展目标，并通过加强技术创新、跨产业协同融合等规划，加快推动实现汽车产业在新一代信息技术、清洁能源技术发展大背景下的转型和变革。

在低碳化方面，主要汽车发达国家基本都提出了乘用车燃料消耗量达到 2020 年 5L/100km，2025 年 4L/100km 左右的目标。

在电动化方面，在各国政府的积极推动和主要汽车制造商努力下，基于动力电池技术进步和成本降低，全球汽车电动化进程不断加快。2014 年全球电动汽车销量达 30 万辆。据国际能源机构预测，到 2030 年电动汽车将占世界汽车销量的 30%。

在智能化方面，世界先进国家已将汽车产业的发展蓝图确定为要实现基于网络的设计、制造、服务一体化的数字模型。如，德国工业 4.0 清晰定义了基于互联网的智能汽车、设施及制造服务的信息物理融合系统，以及明确了从汽车机电一体化到智能驾驶信息物理融合推进时间表。欧盟计划 2050 年形成一体化智能和互通互联汽车的交通区，互联汽车将于 2015 年上市。

2014 年中国汽车销量达 2439 万辆，截至 2014 年底，汽车保有量 1.45 亿辆。近年来，中国石油进口依存度已接近 60%，交通领域石油消费占比接近 50%，其中近 80% 被汽车消耗。同时，城市道路交通矛盾日益突出，汽车成为环境污染排放的重要来源，由此可见，汽车产业肩负改善交通、保护环境、节约能源等的重要责任，中国汽车产业发展节能与新能源汽车，实现低碳化、电动化、智能化发展刻不容缓。从中国汽车产业的现状看，依据汽车产业的现有基础、在国家战略性新兴产业与节能减排法规的促进下，经过"十三五"期间的扎实推进与重点突破，有可能在"十四五"形成低碳化、信息化、智能化的节能与新能源汽车优势领域。

四、推动节能与新能源汽车产业发展的战略目标

（一）纯电动汽车和插电式混合动力汽车

1. 产业化取得重大进展。到 2020 年，自主品牌纯电动和插电式新能源汽车年销量突破 100 万辆，在国内市场占 70％以上；到 2025 年，与国际先进水平同步的新能源汽车年销量 300 万辆，在国内市场占 80％以上。

2. 产业竞争力显著提升。到 2020 年，打造明星车型，进入全球销量排名前 10，新能源客车实现批量出口；到 2025 年，2 家整车企业销量进入世界前 10。海外销售占总销量的 10％。

3. 配套能力明显增强。到 2020 年，动力电池、驱动电机等关键系统达到国际先进水平，在国内市场占有率 80％；到 2025 年，动力电池、驱动电机等关键系统实现批量出口。

4. 逐步实现车辆信息化、智能化。到 2020 年，实现车－车、车－设施之间信息化；到 2025 年，智能网联汽车实现区域试点。

（二）燃料电池汽车

1. 关键材料、零部件逐步国产化。到 2020 年，实现燃料电池关键材料批量化生产的质量控制和保证能力；到 2025 年，实现高品质关键材料、零部件实现国产化和批量供应。

2. 燃料电池堆和整车性能逐步提升。到 2020 年，燃料电池堆寿命达到 5000 小时，功率密度超过 2.5 千瓦/升，整车耐久性到达 15 万公里，续驶里程 500 公里，加氢时间 3 分钟，冷启动温度低于 －30℃；到 2025 年，燃料电池堆系统可靠性和经济性大幅提高，和传统汽车、电动汽车相比具有一定的市场竞争力，实现批量生产和市场化推广。

3. 燃料电池汽车运行规模进一步扩大。到 2020 年，生产1000 辆燃料电池汽车并进行示范运行；到 2025 年，制氢、加氢等配套基础设施基本完善，燃料电池汽车实现区域小规模运行。

（三）节能汽车

到 2020 年，乘用车（含新能源乘用车）新车整体油耗降至5升/

100 公里，2025 年，降至 4 升/100 公里左右。到 2020 年，商用车新车油耗接近国际先进水平，到 2025 年，达到国际先进水平。

（四）智能网联汽车

到 2020 年，掌握智能辅助驾驶总体技术及各项关键技术，初步建立智能网联汽车自主研发体系及生产配套体系。到 2025 年，掌握自动驾驶总体技术及各项关键技术，建立较完善的智能网联汽车自主研发体系、生产配套体系及产业群，基本完成汽车产业转型升级。

五、推动节能与新能源汽车产业发展的重点领域

（一）纯电动汽车和插电式混合动力汽车

纯电动汽车是指其动力系统主要由动力蓄电池和驱动电机组成，从电网获得电力，并通过动力蓄电池向驱动电机提供电能驱动的汽车。插电式混合动力汽车是一种能从外部电源对其能量存储装置进行充电的混合动力汽车，具有纯电行驶模式。围绕纯电动汽车和插电式混合动力汽车，将主要在以下重点领域开展工作：

1. 研发一体化纯电动平台。开发高集成度的电动一体化底盘产品技术，高度集成电池系统、高效高集成电驱动总成、主动悬架系统、线控转向/制动系统、集成控制系统，实现整车操纵稳定性、电池组安全防护、底盘系统的轻量化的研究应用。

2. 高性能插电式混合动力总成和增程式器发动机。开发高性能插电式混合动力总成，开展离合器、电机及变速箱集成开发、混合动力系统控制和集成技术开发。重点掌握新型结构发动机、高效高密度发电机的开发，研究高效发动机与发电机的集成的核心关键技术，形成增程器系统的自主开发和配套能力。

3. 下一代锂离子电动力电池和新体系动力电池，高功率密度、高可靠性电驱动系统的研发和产业化，构建自主可控的产业链。建立和健全富锂层氧化物正极材料/硅基合金体系锂离子电池、全固态锂离子电池、金属空气电池、锂硫电池等下一代锂离动力电池和新体系动力电池的产业链，并推动高功率密度、高效化、轻量化、小

型化的驱动电机的研发。

4. 基于大数据系统的智能化汽车产业链建设，突破车联网应用、信息融合、车辆集成控制、信息安全等关键技术。建立基于大数据系统的智能网联汽车自主研发体系和生产配套体系，基本完成汽车产业转型升级突破环境感知与多传感器信息融合技术、信息支撑平台与协同通信技术、智能决策及智能线控技术、智能网联汽车的车辆集成技术、智能网联汽车信息安全技术等关键技术。

（二）燃料电池汽车

燃料电池汽车是指利用氢气和空气中的氧在催化剂作用下，在燃料电池中电化学反应产生的电能作为主要动力源的汽车。围绕燃料电池汽车，将主要在以下重点领域开展工作：

1. 燃料电池催化剂、质子交换膜、碳纸、膜电极组件、双极板等关键材料批量生产能力建设和质量控制技术研究。开展高功率密度电堆用的低 Pt 催化剂、复合膜、扩散层（碳纸、碳布）、高性能及耐受性质子交换膜材料、高可靠性及低铂担量的膜电极（MEA）、高性能及高可靠性的金属双极板的开发和质量控制技术的研究，形成批量生产能力。

2. 燃料电池堆系统可靠性提升和工程化水平的研究。提高催化剂及其载体的抗氧化能力，质子膜的机械和化学稳定性；改进燃料电池材料制备工艺和质量控制，提高电堆设计水平；验证电堆运行寿命，解决车辆运行条件下的电堆均一性问题；结合车辆动态运行特征，对系统级运行与操作条件做匹配优化；实现系统级寿命验证与参数表征，提高产品级寿命；提高系统零部件的可靠性，开展系统可靠性分析与设计改进。

3. 汽车、备用电源、深海潜器等燃料电池通用化技术研究。开展燃料电池通用化技术研究，2020 年，实现关键技术攻关，研发出新一代的金属双极板电堆，2025 年，完成商业化产品全产业链的建设。

4. 燃料电池汽车整车可靠性提升和成本控制技术。开展燃料电池发动机系统集成与优化，实现燃料电池整车可靠性提高；推动燃料电池关键材料（膜、炭纸、催化剂、MEA、双极板等）及系统关键部件（空压机、膜增湿器、电磁阀、车载 70MPa 氢瓶等）国产化，开发超低铂，非铂催化剂，降低材料成本，促进燃料电池系统产品化和工程化，实现燃料电池系统设计模块化，并改进生产制造工艺。

（三）节能汽车

节能汽车是指以内燃机为主要动力系统，综合工况燃料消耗量优于下一阶段目标值的汽车，主要涵盖先进汽柴油汽车、替代燃料汽车、混合动力汽车等。围绕节能汽车，将主要在以下重点领域开展工作：

1. 整车轻量化技术、低滚阻轮胎，车身外形优化设计。推广应用铝合金、镁合金、高强度钢、塑料及非金属复合材料等整车轻量化材料和车身轻量化、底盘轻量化、动力系统、核心部件轻量化设计。形成低滚阻轮胎开发技术、节能、安全、舒适等性能控制技术、低风阻整车开发技术、整车智能热管理技术等整车集成技术的开发和产业化能力。

2. 柴油机高压共轨、汽油机缸内直喷、均质燃烧和涡轮增压等高效率发动机，提高热动能量转化效率。促进柴油机高压共轨技术的自主开发，推动柴油发动机在乘用车上的应用。推动高效汽油发动机的自主开发和产业化，提升热动能量转化效率，降低能耗。促进汽油机缸内直喷、均值燃料、废气再循环＋高压缩比、可变气门正时（VVT）、可变气门升程（VVL）、废气涡轮增压和机械增压技术等高效燃烧技术的开发与自主供应；低摩擦轴承、低黏度机油、激光珩磨等低摩擦新产品和新工艺的开发；形成电子节温器、电子水泵、智能发电机等高效附件的开发与商品化能力。

3. 商用车自动控制机械变速器、高效变速器、节能空调、起停技术和制动能量回收技术的研究优化。实现双离合器总成、电液耦合液压阀体、液力变矩器、高压静音油泵核心技术突破与国产化。

促进机械变速器自动控制、变速器多挡化、手动变速器平台化、提升变速器效率，与国际趋势接轨。研究优化节能空调技术、启停技术、制动能量回收技术和零部件的开发，实现国产化批量供应。

（四）智能网联汽车

智能网联汽车是指搭载先进的车载传感器、控制器、执行器等装置，并融合现代通信与网络技术，具备复杂环境感知、智能化决策、自动化控制功能，使车辆与外部节点间实现信息共享与控制协同，实现"零伤亡、零拥堵"，达到安全、高效、节能行驶的下一代汽车。围绕智能网联汽车，将主要在以下重点领域开展工作：

1. 基于车联网的车载智能信息服务系统。在现有的 Telmatics 系统基础上，为乘客的安全便利出行提供全方位的信息服务。

2. 公交及营运车辆网联化信息管理系统。全面升级及优化公交、出租及各种运营车辆信息服务及管理系统，为专业驾驶员的安全、绿色与高效出行提供全方位信息服务，同时为营运管理与交通管理部门提供系统的监控、调度和管理服务。

3. 装备智能辅助驾驶系统的智能网联汽车。包括车道偏离预警系统、盲区预警系统、驾驶员疲劳预警系统、自适应巡航控制系统及预测式紧急刹车系统，能提供至少两种可共同运行的主要控制功能，如自适应巡航控制（ACC）与车道偏离预警的结合，以减轻驾驶人负担。减少交通事故 30％以上，减少交通死亡人数 10％以上。

4. 装备自动驾驶系统的智能网联汽车。包括结构化道路下和各种道路下的自动驾驶系统，可执行完整的安全关键驾驶功能，在行驶全程中检测道路状况，实现可完全自动驾驶。无人驾驶最高安全车速达到 120km/h，综合能耗较常规汽车降低 10％以上，减少排放 20％以上。

六、推动节能与新能源汽车产业发展的主要路径

（一）加强对关键核心技术和零部件研发和产业化支持。掌握电池、电机、电控核心技术，加大对燃料电池关键材料和零部件的研

发支持和产业链建设，以及促进传统能源动力系统应用新一代增压直喷、混合动力、低摩擦等技术的开发和产业化，形成完整的节能与新能源汽车产业配套体系，推动插电式混合动力、纯电动及燃料电池汽车工程化和产业化水平，促进节能产品的应用。

（二）**搭建产业共性技术平台，加强优势技术的共享应用以及通用技术与部件的联合批量供应。**发挥产业创新联盟的作用，加强统筹协调，开展关键共性技术研发与工程化应用，采取多种形式的商业化合作模式，创新供应体系，建立行业共享的汽车产品开发数据库，全面提升我国汽车工业自出开发能力和整体技术水平。

（三）**完善标准法规体系，提升检测评价能力，加强产品事中事后监管。**进一步完善新能源汽车准入管理制度和汽车产品公告制度，严格执行准入条件、认证要求；加强新能源汽车安全标准的研究与制定，加快研究制定新能源汽车以及充电、加注技术和设施的相关标准；制定分阶段的乘用车、轻型商用车和重型商用车燃料消耗量目标值标准，实施乘用车企业平均燃料消耗量管理和重型商用车燃料消耗量标示制度。

（四）**完善政策保障体系。**通过税收、补贴等鼓励政策，加强混合动力系统的规模应用；推动新能源汽车的推广应用；完善充电基础设施保障体系并加快制氢、储氢、加氢等配套体系建设；加快燃料电池在交通、通信、能源、航空、船舶等领域的应用，促进产业协同发展。

（五）**加强国际合作，强化国际化布局。**加强在新技术、新材料、关键零部件等方面的合作开发，加强国际化产业布局。积极参与制定国际标准法规的制定，为我国节能与新能源汽车走向国际奠定基础。

国务院关于印发深化标准化工作
改革方案的通知

国发〔2015〕13 号

各省、自治区、直辖市人民政府，国务院各部委、各直属机构：

现将《深化标准化工作改革方案》印发给你们，请认真贯彻执行。

国务院

2015 年 3 月 11 日

（此件公开发布）

深化标准化工作改革方案

为落实《中共中央关于全面深化改革若干重大问题的决定》、《国务院机构改革和职能转变方案》和《国务院关于促进市场公平竞争维护市场正常秩序的若干意见》（国发〔2014〕20 号）关于深化标准化工作改革、加强技术标准体系建设的有关要求，制定本改革方案。

一、改革的必要性和紧迫性

党中央、国务院高度重视标准化工作，2001 年成立国家标准化管理委员会，强化标准化工作的统一管理。在各部门、各地方共同努力下，我国标准化事业得到快速发展。截至目前，国家标准、行业标准和地方标准总数达到 10 万项，覆盖一二三产业和社会事业各领域的标准体系基本形成。我国相继成为国际标准化组织（ISO）、国际电工委员会（IEC）常任理事国及国际电信联盟（ITU）理事国，我国专家担任 ISO 主席、IEC 副主席、ITU 秘书长等一系列重要职务，主导制定国际标准的数量逐年增加。标准化在保障产品质量安全、促进产业转型升级和经济提质增效、服务外交外贸等方面起着越来越重要的作用。但是，从我国经济社会发展日益增长的需求来看，现行标准体系和标准化管理体制已不能适应社会主义市场经济发展的需要，甚至在一定程度上影响了经济社会发展。

一是标准缺失老化滞后，难以满足经济提质增效升级的需求。现代农业和服务业标准仍然很少，社会管理和公共服务标准刚刚起步，即使在标准相对完备的工业领域，标准缺失现象也不同程度存在。特别是当前节能降耗、新型城镇化、信息化和工业化融合、电子商务、商贸物流等领域对标准的需求十分旺盛，但标准供给仍有较大缺口。我国国家标准制定周期平均为 3 年，远远落后于产业快速发展的需要。标准更新速度缓慢，"标龄"高出德、美、英、日等发达国家 1 倍以上。标准整体水平不高，难以支撑经济转型升级。我国主导制定的国际标准仅占国际标准总数的 0.5%，"中国标准"在国际上认可度不高。

二是标准交叉重复矛盾，不利于统一市场体系的建立。标准是生产经营活动的依据，是重要的市场规则，必须增强统一性和权威性。目前，现行国家标准、行业标准、地方标准中仅名称相同的就有近 2000 项，有些标准技术指标不一致甚至冲突，既造成企业执行标准困难，也造成政府部门制定标准的资源浪费和执法尺度不一。特别是强制性标准涉及健康安全环保，但是制定主体多，28 个部门和 31 个省（区、市）制定发布强制性行业标准和地方标准；数量庞大，强制性国家、行业、地方三级标准万余项，缺乏强有力的组织协调，交叉重复矛盾难以避免。

三是标准体系不够合理，不适应社会主义市场经济发展的要求。国家标准、行业标准、地方标准均由政府主导制定，且 70% 为一般性产品和服务标准，这些标准中许多应由市场主体遵循市场规律制定。而国际上通行的团体标准在我国没有法律地位，市场自主制定、快速反映需求的标准不能有效供给。即使是企业自己制定、内部使用的企业标准，也要到政府部门履行备案甚至审查性备案，企业能动性受到抑制，缺乏创新和竞争力。

四是标准化协调推进机制不完善，制约了标准化管理效能提升。标准反映各方共同利益，各类标准之间需要衔接配套。很多标准技术面广、产业链长，特别是一些标准涉及部门多、相关方立场不一致，协调难度大，由于缺乏权威、高效的标准化协调推进机制，越重要的标准越"难产"。有的标准实施效果不明显，相关配套政策措施不到位，尚未形成多部门协同推动标准实施的工作格局。

造成这些问题的根本原因是现行标准体系和标准化管理体制是 20 世纪 80 年代确立的，政府与市场的角色错位，市场主体活力未能充分发挥，既阻碍了标准化工作的有效开展，又影响了标准化作用的发挥，必须切实转变政府标准化管理职能，深化标准化工作改革。

二、改革的总体要求

标准化工作改革，要紧紧围绕使市场在资源配置中起决定性作用和更好发挥政府作用，着力解决标准体系不完善、管理体制不顺畅、与社会主义市场经济发展不适应问题，改革标准体系和标准化管理体制，改进标准制定工作机制，强化标准的实施与监督，更好发挥标准化在推进国家治理体系和治理能力现代化中的基础性、战略性作用，促进经济持续健康发展和社会全面进步。

改革的基本原则：一是坚持简政放权、放管结合。把该放的放开放到位，培育发展团体标准，放开搞活企业标准，激发市场主体活力；把该管的管住管好，强化强制性标准管理，保证公益类推荐性标准的基本供给。二是坚持国际接轨、适合国情。借鉴发达国家标准化管理的先进经验和做法，结合我国发展实际，建立完善具有中国特色的标准体系和标准化管理体制。三是坚持统一管理、分工负责。既发挥好国务院标准化主管部门的综合协调职责，又充分发挥国务院各部门在相关领域内标准制定、实施及监督的作用。四是坚持依法行政、统筹推进。加快标准化法治建设，做好标准化重大改革与标准化法律法规修改完善的有机衔接；合理统筹改革优先领域、关键环节和实施步骤，通过市场自主制定标准的增量带动现行标准的存量改革。

改革的总体目标：建立政府主导制定的标准与市场自主制定的标准协同发展、协调配套的新型标准体系，健全统一协调、运行高效、政府与市场共治的标准化管理体制，形成政府引导、市场驱动、社会参与、协同推进的标准化工作格局，有效支撑统一市场体系建设，让标准成为对质量的"硬约束"，推动中国经济迈向中高端水平。

三、改革措施

通过改革，把政府单一供给的现行标准体系，转变为由政府主导制定的标准和市场自主制定的标准共同构成的新型标准体系。政府主导制定的标准由 6 类整合精简为 4 类，分别是强制性国家标准和推荐性国家标准、推荐性行业标准、推荐性地方标准；市场自主制定的标准分为团体标准和企业标准。政府主导制定的标准侧重于保基本，市场自主制定的标准侧重于提高竞争力。同时建立完善与新型标准体系配套的标准化管理体制。

（一）**建立高效权威的标准化统筹协调机制。**建立由国务院领导同志为召集人、各有关部门负责同志组成的国务院标准化协调推进机制，统筹标准化重大改革，研究标准化重大政策，对跨部门跨领域、存在重大争议标准的制定和实施进行协调。国务院标准化协调推进机制日常工作由国务院标准化主管部门承担。

（二）**整合精简强制性标准。**在标准体系上，逐步将现行强制性国家标准、行业标准和地方标准整合为强制性国家标准。在标准范围上，将强制性国家标准严格限定在保障人身健康和生命财产安全、国家安全、生态环境安全和满足社会经济管理基本要求的范围之内。在标准管理上，国务院各有关部门负责强制性国家标准项目提出、组织起草、征求意见、技术审查、组织实施和监督；国务院标准化主管部门负责强制性国家标准的统一立项和编号，并按照世界贸易组织规则开展对外通报；强制性国家标准由国务院批准发布或授权批准发布。强化依据强制性国家标准开展监督检查和行政执法。免费向社会公开强制性国家标准文本。建立强制性国家标准实施情况统计分析报告制度。

法律法规对标准制定另有规定的，按现行法律法规执行。环境保护、工程建设、医药卫生强制性国家标准、强制性行业标准和强制性地方标准，按现有模式管理。安全生产、公安、税务标准暂按现有模式管理。核、航天等涉及国家安全和秘密的军工领域行业标准，由国务院国防科技工业主管部门负责管理。

（三）**优化完善推荐性标准**。在标准体系上，进一步优化推荐性国家标准、行业标准、地方标准体系结构，推动向政府职责范围内的公益类标准过渡，逐步缩减现有推荐性标准的数量和规模。在标准范围上，合理界定各层级、各领域推荐性标准的制定范围，推荐性国家标准重点制定基础通用、与强制性国家标准配套的标准；推荐性行业标准重点制定本行业领域的重要产品、工程技术、服务和行业管理标准；推荐性地方标准可制定满足地方自然条件、民族风俗习惯的特殊技术要求。在标准管理上，国务院标准化主管部门、国务院各有关部门和地方政府标准化主管部门分别负责统筹管理推荐性国家标准、行业标准和地方标准制修订工作。充分运用信息化手段，建立制修订全过程信息公开和共享平台，强化制修订流程中的信息共享、社会监督和自查自纠，有效避免推荐性国家标准、行业标准、地方标准在立项、制定过程中的交叉重复矛盾。简化制修订程序，提高审批效率，缩短制修订周期。推动免费向社会公开公益类推荐性标准文本。建立标准实施信息反馈和评估机制，及时开展标准复审和维护更新，有效解决标准缺失滞后老化问题。加强标准化技术委员会管理，提高广泛性、代表性，保证标准制定的科学性、公正性。

（四）**培育发展团体标准**。在标准制定主体上，鼓励具备相应能力的学会、协会、商会、联合会等社会组织和产业技术联盟协调相关市场主体共同制定满足市场和创新需要的标准，供市场自愿选用，增加标准的有效供给。在标准管理上，对团体标准不设行政许可，由社会组织和产业技术联盟自主制定发布，通过市场竞争优胜劣汰。国务院标准化主管部门会同国务院有关部门制定团体标准发展指导意见和标准化良好行为规范，对团体标准进行必要的规范、引导和监督。在工作推进上，选择市场化程度高、技术创新活跃、产品类标准较多的领域，先行开展团体标准试点工作。支持专利融入团体标准，推动技术进步。

（五）放开搞活企业标准。 企业根据需要自主制定、实施企业标准。鼓励企业制定高于国家标准、行业标准、地方标准，具有竞争力的企业标准。建立企业产品和服务标准自我声明公开和监督制度，逐步取消政府对企业产品标准的备案管理，落实企业标准化主体责任。鼓励标准化专业机构对企业公开的标准开展比对和评价，强化社会监督。

（六）提高标准国际化水平。 鼓励社会组织和产业技术联盟、企业积极参与国际标准化活动，争取承担更多国际标准组织技术机构和领导职务，增强话语权。加大国际标准跟踪、评估和转化力度，加强中国标准外文版翻译出版工作，推动与主要贸易国之间的标准互认，推进优势、特色领域标准国际化，创建中国标准品牌。结合海外工程承包、重大装备设备出口和对外援建，推广中国标准，以中国标准"走出去"带动我国产品、技术、装备、服务"走出去"。进一步放宽外资企业参与中国标准的制定。

四、组织实施

坚持整体推进与分步实施相结合，按照逐步调整、不断完善的方法，协同有序推进各项改革任务。标准化工作改革分三个阶段实施。

（一）第一阶段（2015—2016 年），积极推进改革试点工作。

——加快推进《中华人民共和国标准化法》修订工作，提出法

律修正案，确保改革于法有据。修订完善相关规章制度。（2016 年 6 月底前完成）

——国务院标准化主管部门会同国务院各有关部门及地方政府标准化主管部门，对现行国家标准、行业标准、地方标准进行全面清理，集中开展滞后老化标准的复审和修订，解决标准缺失、矛盾交叉等问题。（2016 年 12 月底前完成）

——优化标准立项和审批程序，缩短标准制定周期。改进推荐性行业和地方标准备案制度，加强标准制定和实施后评估。（2016 年 12 月底前完成）

——按照强制性标准制定原则和范围，对不再适用的强制性标准予以废止，对不宜强制的转化为推荐性标准。（2015 年 12 月底前完成）

——开展标准实施效果评价，建立强制性标准实施情况统计分析报告制度。强化监督检查和行政执法，严肃查处违法违规行为。（2016 年 12 月底前完成）

——选择具备标准化能力的社会组织和产业技术联盟，在市场化程度高、技术创新活跃、产品类标准较多的领域开展团体标准试点工作，制定团体标准发展指导意见和标准化良好行为规范。（2015 年 12 月底前完成）

——开展企业产品和服务标准自我声明公开和监督制度改革试点。企业自我声明公开标准的，视同完成备案。（2015 年 12 月底前完成）

——建立国务院标准化协调推进机制，制定相关制度文件。建立标准制修订全过程信息公开和共享平台。（2015 年 12 月底前完成）

——主导和参与制定国际标准数量达到年度国际标准制定总数的 50%。（2016 年完成）

（二）第二阶段（2017—2018 年），稳妥推进向新型标准体系过渡。

——确有必要强制的现行强制性行业标准、地方标准，逐步整

合上升为强制性国家标准。（2017 年完成）

——进一步明晰推荐性标准制定范围，厘清各类标准间的关系，逐步向政府职责范围内的公益类标准过渡。（2018 年完成）

——培育若干具有一定知名度和影响力的团体标准制定机构，制定一批满足市场和创新需要的团体标准。建立团体标准的评价和监督机制。（2017 年完成）

——企业产品和服务标准自我声明公开和监督制度基本完善并全面实施。（2017 年完成）

——国际国内标准水平一致性程度显著提高，主要消费品领域与国际标准一致性程度达到 95％以上。（2018 年完成）

（三）第三阶段（2019—2020 年），基本建成结构合理、衔接配套、覆盖全面、适应经济社会发展需求的新型标准体系。

——理顺并建立协同、权威的强制性国家标准管理体制。（2020 年完成）

——政府主导制定的推荐性标准限定在公益类范围，形成协调配套、简化高效的推荐性标准管理体制。（2020 年完成）

——市场自主制定的团体标准、企业标准发展较为成熟，更好满足市场竞争、创新发展的需求。（2020 年完成）

——参与国际标准化治理能力进一步增强，承担国际标准组织技术机构和领导职务数量显著增多，与主要贸易伙伴国家标准互认数量大幅增加，我国标准国际影响力不断提升，迈入世界标准强国行列。（2020 年完成）

国务院办公厅关于加强节能标准化工作的意见

节能标准是国家节能制度的基础，是提升经济质量效益、推动绿色低碳循环发展、建设生态文明的重要手段，是化解产能过剩、加强节能减排工作的有效支撑。为进一步加强节能标准化工作，经国务院同意，现提出以下意见。

一、总体要求

（一）**指导思想**。全面贯彻落实党的十八大和十八届二中、三中、四中全会精神，认真落实党中央、国务院的决策部署，充分发挥市场在资源配置中的决定性作用，更好发挥政府作用，创新节能标准化管理机制，健全节能标准体系，强化节能标准实施与监督，有效支撑国家节能减排和产业结构升级，为生态文明建设奠定坚实基础。

（二）**基本原则**。坚持准入倒逼，加快制修订强制性能效、能耗限额标准，发挥准入指标对产业转型升级的倒逼作用。坚持标杆引领，研究和制定关键节能技术、产品和服务标准，发挥标准对节能环保等新兴产业的引领作用。坚持创新驱动，以科技创新提高节能标准水平，促进节能科技成果转化应用。坚持共同治理，营造良好环境，形成政府引导、市场驱动、社会参与的节能标准化共治格局。

（三）**工作目标**。到 2020 年，建成指标先进、符合国情的节能标准体系，主要高耗能行业实现能耗限额标准全覆盖，80％以上的能效指标达到国际先进水平，标准国际化水平明显提升。形成节能标准有效实施与监督的工作体系，产业政策与节能标准的结合更加紧密，节能标准对节能减排和产业结构升级的支撑作用更加显著。

二、创新工作机制

（四）建立节能标准更新机制。制定节能标准体系建设方案和节能标准制修订工作规划，定期更新并发布节能标准。建立节能标准化联合推进机制，加强节能标准化工作协调配合。完善节能标准立项协调机制，每年下达1～2批节能标准专项计划，急需节能标准随时立项。完善节能标准复审机制，标准复审周期控制在3年以内，标准修订周期控制在2年以内。创新节能标准技术审查和咨询评议机制，加强能效能耗数据监测和统计分析，强化能效标准和能耗限额标准实施后评估工作，确保强制性能效和能耗指标的先进性、科学性和有效性。改进国家标准化指导性技术文件管理模式，探索团体标准转化为国家标准的工作机制，推动新兴节能技术、产品和服务快速转化为标准。（国家标准委、发展改革委、工业和信息化部等按职责分工负责）

（五）探索能效标杆转化机制。适时将能效"领跑者"指标纳入强制性终端用能产品能效标准和行业能耗限额标准指标体系，将"领跑者"企业的能耗水平确定为高耗能及产能严重过剩行业准入指标。能效标准中的能效限定值和能耗限额标准中的能耗限定值应至少淘汰20%左右的落后产品和落后产能。（国家标准委、发展改革委、工业和信息化部等按职责分工负责）

（六）创新节能标准化服务。建设节能标准信息服务平台，及时发布和更新节能标准信息，方便企业查询标准信息、反馈实施情况、提出标准需求。探索节能标准化服务新模式，开展标准宣传贯彻、信息咨询、标准比对、实施效果评估等服务，鼓励标准化技术机构为企业提供标准研制、标准体系建设、标准化人才培养等定制化专业服务。普及节能标准化知识，增强政府部门、用能单位和消费者的节能标准化意识。（国家标准委、发展改革委、工业和信息化部等按职责分工负责）

三、完善标准体系

（七）**加强重点领域节能标准制修订工作。** 实施百项能效标准推进工程。在工业领域，加快制修订钢铁、有色、石化、化工、建材、机械、船舶等行业节能标准，形成覆盖生产设备节能、节能监测与管理、能源管理与审计等方面的标准体系；完善燃油经济性标准和新能源汽车技术标准。在能源领域，重点制定煤炭清洁高效利用相关技术标准，加强天然气、新能源、可再生能源标准制修订工作。在建筑领域，完善绿色建筑与建筑节能设计、施工验收和评价标准，修订建筑照明设计标准，建立绿色建材标准体系。在交通运输领域，加快综合交通运输标准的制修订工作，重点制修订用能设备设施能效标准、绿色交通评价等标准。在流通领域，加快制修订零售业能源管理体系、绿色商场和绿色市场等标准。在公共机构领域，制修订公共机构能源管理体系、能源审计、节约型公共机构评价等标准。在农业领域，加快制修订农业机械、渔船和种植制度等农业生产领域高产节能，省柴节煤灶炕等农村生活节能，以及农作物秸秆能源化高效利用等相关技术标准。（国家标准委、发展改革委、工业和信息化部、住房城乡建设部、交通运输部、农业部、商务部、国管局、能源局按职责分工负责）

（八）**实施节能标准化示范工程。** 选择具有示范作用和辐射效应的园区或重点用能企业，建设节能标准化示范项目，推广低温余热发电、吸收式热泵供暖、冰蓄冷、高效电机及电机系统等先进节能技术、设备，提升企业能源利用效率。（国家标准委、发展改革委、工业和信息化部、能源局牵头负责）

（九）**推动节能标准国际化。** 跟踪节能领域国际标准发展，实质性参与和主导制定一批节能国际标准，扩大节能技术、产品和服务等国际市场份额。加强节能标准双边、多边国际合作，推动与主要贸易国建立节能标准互认机制。（国家标准委、发展改革委、商务部牵头负责）

四、强化标准实施

（十）**严格执行强制性节能标准。**强化用能单位实施强制性节能标准的主体责任，开展能效对标达标活动，发挥节能标准对用能单位、重点用能设备和系统能效提升的规范和引导作用。以强制性能耗限额标准为依据，实施固定资产投资项目节能评估和审查制度，对电解铝、铁合金、电石等高耗能行业的生产企业实施差别电价和惩罚性电价政策，对煤炭、石油、有色、建材、化工等产能过剩行业和稀土等战略资源行业的生产企业进行准入公告。以强制性能效标准和交通工具燃料经济性标准为依据，实施节能产品惠民工程、节能产品政府采购、能效标识制度。建筑工程设计、施工和验收应严格执行新建建筑强制性节能标准。政府投资的公益性建筑、大型公共建筑以及各直辖市、计划单列市及省会城市的保障性住房，应全面执行绿色建筑标准。将强制性节能标准实施情况纳入地方各级人民政府节能目标责任考核。（地方各级人民政府，发展改革委、工业和信息化部、财政部、住房城乡建设部、交通运输部、质检总局、国管局等按职责分工负责）

（十一）**推动实施推荐性节能标准。**强化政策与标准的有效衔接，制定相关政策、履行职能应优先采用节能标准。在能源消费总量控制、生产许可、节能改造、节能量交易、节能产品推广、节能认证、节能示范、绿色建筑评价及公共机构建设等领域，优先采用合同能源管理、节能量评估、电力需求侧管理、节约型公共机构评价等节能标准。推动能源管理体系、系统经济运行、能量平衡测试、节能监测等推荐性节能标准在工业企业中的应用。积极开展公共机构能源管理体系认证。（发展改革委、工业和信息化部、财政部、住房城乡建设部、商务部、质检总局、国管局、国家认监委等按职责分工负责）

（十二）**加强标准实施的监督。**以节能标准实施为重点，加大节能监察力度，督促用能单位实施强制性能耗限额标准和终端用能产品能效标准。完善质量监督制度，将产品是否符合节能标准纳入产品质量监督考核体系。畅通举报渠道，鼓励社会各方参与对节能标准实施情况的监督。（发展改革委、工业和信息化部、质检总局等按职责分工负责）

五、保障措施

（十三）**加大节能标准化科研支持力度。**实施科技创新驱动发展战略，加强节能领域技术标准科研工作规划。强化节能技术研发与标准制定的结合，支持制定具有自主知识产权的技术标准。建设产学研用有机结合的区域性国家技术标准创新基地，培育形成技术研发—标准研制—产业应用的科技创新机制。（科技部、国家标准委牵头负责）

（十四）**加快节能标准化人才培养步伐。**完善节能标准化人才教育体系，鼓励节能标准化人才担任节能国际标准化技术组织职务。加强基层节能技术人员和管理人员培训工作，提升各类用能单位特别是中小微企业运用节能标准的能力。（国家标准委、工业和信息化部、发展改革委、科技部、国管局按职责分工负责）

各地区、各有关部门要充分认识节能标准化工作的重大意义，精心组织，加强配合，抓紧研究制定具体实施方案，拓宽节能标准化资金投入渠道，扎实推动各项工作，确保各项政策措施落实到位。

第十二章

企业平均燃料消耗量管理

乘用车企业平均燃料消耗量核算办法

第一章　总则

第一条　按照《国务院关于印发节能与新能源汽车产业发展规划（2012—2020 年）的通知》（国发〔2012〕22 号）要求，为进一步完善汽车节能管理制度，实施乘用车企业平均燃料消耗量管理，逐步降低我国乘用车产品平均燃料消耗量，实现 2015 年和 2020 年我国乘用车产品平均燃料消耗量降至 6.9 升/100 公里和 5.0 升/100 公里的目标，特制定本办法。

第二条　本办法所称乘用车是指在中国关境内销售的能够燃用汽油或柴油燃料的乘用车产品（含非插电式混合动力乘用车）以及纯电动、插电式混合动力、燃料电池乘用车等新能源乘用车产品，包括在中国关境内生产的国产乘用车产品和在中国关境外生产的进口乘用车产品。

第三条　本办法所称企业是指依法获得许可在中国关境内销售乘用车的企业，包括国产乘用车生产企业和进口乘用车生产企业。

国产乘用车生产企业应已列入工业和信息化部《车辆生产企业及产品公告》，并获得强制性产品认证。

进口乘用车生产企业主要是指其生产的乘用车产品已获得中国强制性产品认证的中国关境外的乘用车生产企业。进口乘用车经销企业视同为进口乘用车生产企业在中国的代理，负责乘用车企业平均燃料消耗量核算的一切工作。

第四条　本办法所称核算年度是公历年，即每年 1 月 1 日至 12 月 31 日。其中，国产乘用车采用生产日期，生产日期以《机动车整车出厂合格证》上的制造日期为准；进口乘用车采用进口日期，进口日期以海关放行日期为准。

第五条 工业和信息化部会同国家发展改革委、商务部、海关总署、质检总局实施乘用车企业平均燃料消耗量核算管理。

第二章 乘用车企业平均燃料消耗量核算主体

第六条 国产乘用车产品与进口乘用车产品企业平均燃料消耗量分别实施核算。

第七条 原则上《车辆生产企业及产品公告》内每一个独立法人乘用车生产企业、每一个单独注册的进口汽车经销企业作为一个企业平均燃料消耗量核算主体。

第三章 乘用车产品燃料消耗量数据报送与公示

第八条 工业和信息化部负责建立"汽车燃料消耗量数据管理系统",定期汇总数据,并将情况通报核算管理相关部门。企业应按要求及时报送新生产、新进口的乘用车产品的燃料消耗量数据〔具体要求见附件一(略)〕。

第九条 企业应建立乘用车产品平均燃料消耗量监控体系,根据达标情况及时调整生产或进口计划,并将已停止生产或进口的车型情况报工业和信息化部(装备工业司),同时抄送质检总局(认监委)。

第十条 工业和信息化部通过中国汽车燃料消耗量网站汽车燃料消耗量通告系统公布乘用车燃料消耗量及相关信息。

第四章 乘用车企业平均燃料消耗量核算方法

第十一条 企业乘用车车型燃料消耗量实际值计算采用汽车燃料消耗量通告系统中车辆型号对应的综合工况燃料消耗量指标数据。

如果汽车燃料消耗量通告系统中同一企业在市场上销售的同一车辆型号有多个不同的综合工况燃料消耗量数据(含本年度已通过汽车燃料消耗量通告系统发布的停止生产或进口车型的数据),计算企业平均燃料消耗量实际值时采用最大的燃料消耗量。

第十二条　国内乘用车生产企业的核算基数为核算年度内的乘用车产量（不含乘用车出口量）。进口乘用车经销企业的核算基数为核算年度内经中国海关放行、检验检疫机构检验的实际进口量。

第十三条　核算主体平均燃料消耗量的计算方式为：核算主体各车型燃料消耗量与各车型所对应核算基数的乘积之和除以该核算主体所有车型核算基数之和。计算结果四舍五入圆整至小数点后2位。

核算主体平均燃料消耗量目标值的计算方式为：核算主体各车型燃料消耗量目标值与各车型所对应核算基数的乘积之和除以该核算主体所有车型核算基数之和。计算结果四舍五入圆整至小数点后2位。

第十四条　2012—2015年，乘用车车型燃料消耗量目标值和企业达标要求按《乘用车燃料消耗量评价方法及指标》（GB 27999—2011）规定（不计新能源乘用车产品）。

同一车辆型号因整车整备质量、座位排数、变速器型式不同有多个不同的燃料消耗量目标值时，计算企业平均消耗量目标值时采用最小的燃料消耗量目标值。

第十五条　为鼓励发展节能与新能源汽车产品，在统计企业达到国家乘用车平均燃料消耗量目标的情况时，对企业生产或进口的纯电动乘用车、燃料电池乘用车、纯电动驱动模式综合工况续驶里程达到50公里及以上的插电式混合动力乘用车，综合工况燃料消耗量实际值按零计算，并按5倍数量计入核算基数之和；综合工况燃料消耗量实际值低于2.8升/100公里（含）的车型（不含纯电动、燃料电池乘用车），按3倍数量计入核算基数之和；其他插电式混合动力乘用车，按实际数量核算。

第五章　乘用车企业平均燃料消耗量报告

第十六条　每年12月20日前，各核算主体应根据年度达标要求向工业和信息化部递交下一年度企业平均燃料消耗量预报告（纸制和光盘各一式五份，由工业和信息化部转送核算管理相关部门），预报告主要内容包括企业平均燃料消耗量预期值、预期目标值等。

第十七条　每年 8 月 1 日前，各核算主体应向工业和信息化部递交企业平均燃料消耗量中期报告（纸制和光盘各一式五份，由工业和信息化部转送核算管理相关部门），主要内容包括：

（一）上半年已实际生产或进口的各车型数量、对应综合工况燃料消耗量及关键参数；

（二）下半年企业平均燃料消耗量目标值、实际值情况预测；

（三）本年度企业平均燃料消耗量目标值预测完成情况等。

第十八条　每年 2 月 1 日前，各核算主体应向工业和信息化部递交上一年度企业平均燃料消耗量报告（纸制和光盘各一式五份，由工业和信息化部转送核算管理相关部门），主要内容包括：生产或进口的各车型数量、关键参数、综合工况燃料消耗量和对应车型燃料消耗量目标值及核算主体的企业平均燃料消耗量目标值、实际值等情况。[企业平均燃料消耗量预报告、中期报告、年度报告的格式见附件二（略）]

第十九条　如核算主体认为递交的企业平均燃料消耗量预报告、中期报告涉及企业商业秘密，需在报告中明确涉及企业商业秘密的内容及保密期限。经工业和信息化部审查同意，可不对外公开。

核算主体递交的汽车产品燃料消耗量年度报告不得以涉及企业商业秘密为名限制对外公开。

第六章　核算与公示

第二十条　工业和信息化部会同国家发展改革委、商务部、海关总署、质检总局建立企业平均燃料消耗量核算的联合工作机制。

工业和信息化部具体负责国产乘用车燃料消耗量、产量及乘用车生产企业等情况的核查。

海关总署具体负责进口量及进口经销企业等情况的核查。

质检总局具体负责进口乘用车燃料消耗量、进口量及进口经销企业、进口乘用车制造企业等情况的核查。

第二十一条　上一年度所有核算主体的企业平均燃料消耗量情况将于每年 3 月 20 日前公示。

第二十二条　各核算主体和社会各界对公示的企业平均燃料消耗量情况有异议的，可在 20 个工作日内反馈。相关部门需在接到异议后 20 个工作日内给予答复或处理。

第二十三条　每年 6 月 1 日前，工业和信息化部会同国家发展改革委、商务部、海关总署、质检总局发布上一年度"乘用车企业平均燃料消耗量核算情况报告"，包括生产/进口乘用车产品数量、企业平均燃料消耗量目标值、实际值、达标及排名等情况。

第七章　额度的转结与使用

第二十四条　优于/劣于目标值的额度为本年度企业平均燃料消耗量目标值与企业平均燃料消耗量实际值的差额与本年度车型核算基数的积。计算结果四舍五入圆整至整数位。

第二十五条　企业平均燃料消耗量实际值优于目标值的核算主体，可将优于目标值的额度结转至下一年度使用。2015 年前，优于目标值的额度是指低于 100％目标值以下的额度。

第二十六条　结转额度有效期不超过三年。先结转的额度可先使用。

第八章　监督管理

第二十七条　工业和信息化部会同国家发展改革委、商务部、质检总局、海关总署建立汽车产品燃料消耗量核查、公示制度，对市场上销售的汽车产品的燃料消耗量进行抽样核查，核查结果向社会公开发布。

第二十八条　对报告和核算数据存在不达标问题的企业，要求其说明情况及提交改进方案。未按要求上报燃料消耗量数据的企业，按企业平均燃料消耗量不达标处理。

第二十九条　对发现或有举报并经查实有下列情况之一的，将视情节严重，按国家有关法律、法规予以处理：

（一）企业未按要求标示汽车燃料消耗量的；

（二）企业标示的汽车燃料消耗量数据与上报数据不符的；

（三）企业标示、上报的汽车燃料消耗量数据与核查结果不符的；

（四）企业不按时递交企业平均燃料消耗量预报告、中期报告、年度报告的；

（五）企业递交的企业平均燃料消耗量年度报告与事实不符的。

第九章　附则

第三十条　2012 年度企业平均燃料消耗量核算执行日期从 2012 年 7 月 1 日至 2012 年 12 月 31 日。

第三十一条　按照《节能与新能源汽车产业发展规划（2012—2020 年)》要求，有关汽车燃料消耗量管理办法将另行制定。

第三十二条　本办法自 2013 年 5 月 1 日开始实施。

关于加强乘用车企业平均燃料
消耗量管理的通知

2013 年 3 月，工业和信息化部、发展改革委、商务部、海关总署、质检总局发布了《乘用车企业平均燃料消耗量核算办法》（工业和信息化部公告 2013 年第 15 号），建立了乘用车企业平均燃料消耗量核算及通报制度。为进一步促进先进节能技术的应用和推广，加快汽车产业结构调整和转型升级，做好《乘用车燃料消耗量评价方法及指标》（GB 27999—2011）的实施工作，实现 2015 年我国生产的乘用车平均燃料消耗量降至 6.9 升/百公里的目标，决定加强乘用车企业平均燃料消耗量管理。现就有关事项通知如下：

一、对于企业平均燃料消耗量不达标且统计新能源乘用车后企业平均燃料消耗量超过 6.9 升/百公里的乘用车企业，将进行公开通报。

二、对于上一年度平均燃料消耗量不达标的乘用车企业，暂停受理综合工况燃料消耗量达不到 GB 27999—2011 车型燃料消耗量目标值的新产品《车辆生产企业及产品公告》申报。

三、新建乘用车生产企业和现有汽车生产企业跨类生产乘用车、扩大乘用车生产能力的投资项目，应提交的企业平均燃料消耗量计划不能达标的，需进行方案调整。上一年度平均燃料消耗量不达标企业的项目，暂不办理。

四、全面落实新修订的汽车强制性产品认证实施规则，推动燃料消耗量相关国家标准实施。

五、对于平均燃料消耗量不达标、不履行达标承诺的乘用车企业，将在海关通关审核、进口检验、生产一致性核查等方面加强监管。

六、各核算主体应严格按照《乘用车企业平均燃料消耗量核算办法》要求，按时向工业和信息化部递交上一年度企业平均燃料消耗量报告。不达标企业需同时递交平均燃料消耗量改善计划承诺书，提出具体的年度改善目标、改进措施等，包括对现有的达不到车型燃料消耗量目标值车型的停产、限产等。

本通知自 2014 年 11 月 1 日起执行。

第十三章

燃料消耗量标识管理

轻型汽车燃料消耗量标示管理规定

第一章　总则

第一条　为加强汽车产品节能管理，贯彻《国务院关于进一步加强节油节电工作的通知》（国发〔2008〕23 号）和《汽车产业发展政策》等文件要求，确保 GB 22757—2008《轻型汽车燃料消耗量标识》的顺利实施，特制定本规定。

第二条　本规定适用于在中国境内销售的能够燃用汽油或柴油燃料的、最大设计总质量不超过 3500kg 的 M_1、M_2 类和 N_1 类车辆。

第二章　标示要求

第三条　汽车生产企业和进口汽车经销商，应保证其汽车产品在销售时都粘贴有《汽车燃料消耗量标识》。

第四条　《汽车燃料消耗量标识》由汽车生产企业或进口汽车经销商按照 GB 22757—2008《轻型汽车燃料消耗量标识》要求印制、粘贴。

第五条　汽车生产企业或进口汽车经销商应保证粘贴在汽车产品上的《汽车燃料消耗量标识》符合国家标准要求；在汽车产品自身以外其他场所使用的标识可等比例放大或缩小。

第三章　《汽车燃料消耗量标识》标注

第六条　企业标志的标注

（一）国产汽车的企业标志采用汉字标注，且须与在车身尾部显著位置上标注的汽车生产企业名称一致；

（二）进口汽车的企业标志采用注册图形商标或注册文字标注。

第七条　燃料消耗量的标注

汽车生产企业或进口汽车经销商按照 GB/T 19233《轻型汽车燃料消耗量试验方法》申报并经工业和信息化部指定的检测机构（其中进口汽车可经质检部门指定检测机构）检测确认的燃料消耗量数据。

第八条　启用日期的标注

《汽车燃料消耗量标识》启用日期为整车出厂合格证上打印的制造日期或《汽车燃料消耗量标识》报工业和信息化部备案日期。

第九条　备案号的标注

（一）国产汽车采用车辆识别代号（VIN）或《车辆生产企业及产品公告》的车辆型号加后缀识别号，后缀识别号应能区分不同油耗的同一车型，其编号规则由企业自行确定；

（二）进口汽车采用车辆一致性证书编号。

第十条　其他内容的标注

按 GB 22757—2008 要求执行。

第四章　监督检查

第十一条　汽车生产企业或进口汽车经销商应将不同油耗车型的《汽车燃料消耗量标识》样本于汽车产品上市销售前报工业和信息化部（装备工业司）备案。

第十二条　工业和信息化部将定期公告轻型汽车燃料消耗量指标。

第十三条　对发现或有举报并经查实有下列情况之一的，将视情节严重，按国家有关法律、法规的规定予以处理：

（一）未按规定要求进行标示、粘贴的；

（二）未按规定要求报《汽车燃料消耗量标识》备案的；

（三）标示内容与备案内容不符的。

第五章　附则

第十四条　本规定中的 M_1 类车辆是指国家标准（GB/T 15089—

2001）3.2.1款定义的"包括驾驶员在内、座位数不超过九座的载客车辆"；M_2类车辆是指国家标准（GB/T 15089—2001）3.2.2款定义的"包括驾驶员在内、座位数超过九座，且最大设计总质量不超过5000kg载客车辆"；N_1类车辆是指国家标准（GB/T 15089—2001）3.3.1款定义的"最大设计总质量不超过3500kg的载货车辆"。

第十五条　本规定中的"汽车生产企业"是指已获得汽车产品生产许可、列入《车辆生产企业及产品公告》的汽车生产企业。

第十六条　本规定中的"进口汽车经销商"是指已获得汽车产品进口许可的进口汽车经销商。

第十七条　本规定中的"工业和信息化部指定的检测机构"是指承担《车辆生产企业及产品公告》车辆产品检测工作的检测机构。

第十八条　报送《汽车燃料消耗量标识》样本备案的同时，报送电子文档（邮箱：qiche@miit.gov.cn），电子文档格式在工业和信息化部门户网站装备司子站下载。

第十九条　本规定由工业和信息化部负责解释。

第二十条　本规定自2010年1月1日起施行。

第十四章

节能汽车补贴和车船税减免

节能汽车（1.6升及以下乘用车）
推广补贴政策

为引导汽车生产企业加大节能技术研发投入，促进产品结构优化升级，逐步降低油耗水平，同时也为鼓励消费者购买低油耗车辆，促进节能汽车的推广应用，财政部、国家发展改革委、工业和信息化部自 2010 年起推出节能汽车（1.6 升及以下乘用车）推广补贴政策并制定了相关实施细则，其后又先后两次对补贴标准调整加严。相关情况汇总如下：

一、节能汽车（1.6升及以下乘用车）推广实施细则

2010 年 5 月，财政部、国家发展改革委、工业和信息化部印发《"节能产品惠民工程"节能汽车（1.6 升及以下乘用车）推广实施细则》，相关内容摘录如下：

（一）节能汽车推广车型及企业条件

1. 发动机排量为 1.6 升及以下的燃用汽油、柴油的乘用车（含混合动力汽车和双燃料汽车）；

2. 已列入《车辆生产企业及产品公告》和通过汽车燃料消耗量标识备案；

3. 综合燃料消耗量限值如表 14－1。

表 14－1 综合燃料消耗量限值

整车整备质量（CM）/kg	具有两排及以下座椅且装有手动挡变速器的车辆/（L/100 km）	具有三排或三排以上座椅或装有非手动挡变速器的车辆/（L/100 km）
CM≤750	5.2	5.6
750＜CM≤865	5.5	5.9

表 14 - 1（续）

整车整备 质量（CM）/kg	具有两排及以下座椅且 装有手动挡变速器的 车辆/（L/100 km）	具有三排或三排以上座椅或 装有非手动挡变速器的 车辆/（L/100 km）
865＜CM≤980	5.8	6.2
980＜CM≤1090	6.1	6.5
1090＜CM≤1205	6.5	6.8
1205＜CM≤1320	6.9	7.2
1320＜CM≤1430	7.3	7.6
1430＜CM≤1540	7.7	8.0
1540＜CM≤1660	8.1	8.4
1660＜CM≤1770	8.5	8.8
1770＜CM≤1880	8.9	9.2
1880＜CM≤2000	9.3	9.6
2000＜CM≤2110	9.7	10.1
2110＜CM≤2280	10.1	10.6
2280＜CM≤2510	10.8	11.2
2510＜CM	11.5	11.9

4. 推广企业具有完善的售后服务体系，履行约定的质量及服务；具有完备的产品销售及用户信息管理系统，能够按要求提供相关信息。

（二）补助标准和方式

对消费者购买节能汽车给予一次性定额补助，补助标准为 3000 元/辆，由生产企业在销售时兑付给购买者。

（三）推广资格申请和确定

1. 节能汽车生产企业按照有关要求提出推广资格申请。

2. 所在地省级发展改革委、工业和信息化主管部门、财政部门审核后，上报国家发展改革委、工业和信息化部、财政部。

3. 国家发展改革委、工业和信息化部、财政部根据申请情况组织节能汽车推广资格审查，确定并公告节能汽车推广目录。

（四）补助资金申请和拨付

1. 推广企业在月度终了后 10 日内将月度推广信息上报财政部。

2. 财政部根据节能汽车月度推广信息，预拨补助资金。各级财政部门按照财政国库管理制度等有关规定，将补助资金及时拨付给推广企业。

3. 年度终了后 30 日内，推广企业要认真总结全年推广情况，编制补助资金清算报告，由省级财政部门审核后上报财政部。财政部根据清算报告和专项核查情况对补助资金进行清算。

4. 财政部根据节能汽车推广工作进展、资金需求等情况安排一定工作经费，用于目录审查、检查检测、信息管理、宣传培训等工作。

（五）标识的加施

推广企业应按本细则规定的样式和内容，在推广车辆上加施"节能产品惠民工程"标识。

（六）监督管理

工业和信息化部、发展改革委、财政部组织开展节能汽车推广专项核查。其中，燃料消耗量水平检查按照国家标准检测试验方法进行，采取市场抽查的方式，经授权的第三方检测机构抽定待检车辆并明确"车辆识别代号"后，由推广企业提供、运送至指定检测机构并负责回收。

（七）附则

本实施细则自 2010 年 6 月 1 日起施行。

二、关于调整节能汽车推广补贴政策的通知

2011 年 9 月 7 日，财政部、国家发展改革委、工业和信息化部联合印发了《关于调整节能汽车推广补贴政策的通知》，相关内容摘录如下：

1. 现行节能汽车推广补贴政策执行到 2011 年 9 月 30 日。

2. 从 2011 年 10 月 1 日起实施新的节能汽车推广补贴政策。

（1）推广车辆要达到产品综合燃料消耗量标准，具体限值如表 14-2：

表 14-2　综合燃料消耗量限值

整车整备质量（CM）/kg	具有两排及以下座椅且装有手动挡变速器的车辆/（L/100 km）	具有三排或三排以上座椅或装有非手动挡变速器的车辆/（L/100 km）
CM≤750	4.8	5.2
750＜CM≤865	5.1	5.4
865＜CM≤980	5.3	5.7
980＜CM≤1090	5.6	6.0
1090＜CM≤1205	6.0	6.3
1205＜CM≤1320	6.3	6.6
CM＞1320	6.7	6.9

（2）推广补贴标准不变，即对消费者购买节能汽车继续给予一次性 3000 元定额补助，由生产企业在销售时兑付给购买者。

（3）其他有关事项按《"节能产品惠民工程"节能汽车（1.6 升及以下乘用车）推广实施细则》（财建〔2010〕219 号）执行。有关核查工作暂按《"节能产品惠民工程"节能汽车（1.6 升及以下乘用车）推广专项核查办法》（工信部联装〔2010〕566 号）执行。

三、关于开展 1.6 升及以下节能环保汽车推广工作的通知

为推进节能减排，促进大气污染治理，报经国务院批准同意，财政部、发展改革委、工业和信息化部决定从 2013 年 10 月 1 日起，实施 1.6 升及以下节能环保汽车（乘用车，下同）推广政策。相关内容摘录如下：

1. 现行 1.6 升及以下节能汽车推广补贴政策执行到 2013 年 9 月 30 日。

2. 从 2013 年 10 月 1 日—2015 年 12 月 31 日，实施 1.6 升及以下节能环保汽车推广补贴政策。

（1）推广车辆要达到产品综合燃料消耗量标准，具体限值如表 14-3。

表 14-3　综合燃料消耗量限值

整车整备质量（CM）/kg	具有两排及以下座椅/（L/100 km）	具有三排或三排以上座椅/（L/100 km）
CM≤750	4.7	5.0
750＜CM≤865	4.9	5.2
865＜CM≤980	5.1	5.4
980＜CM≤1090	5.3	5.6
1090＜CM≤1205	5.6	5.9
CM＞1205	5.9	

（2）推广车辆污染物排放能够满足《轻型汽车污染物排放限值及测量方法（中国第五阶段）》GB18352.5—2013 标准中Ⅰ型试验的限值要求（见表 14-4）。

（3）鼓励采用发动机怠速启停、高效直喷发动机、混合动力、轻量化等节能环保技术和产品。

（4）推广补贴标准不变，即对消费者购买 1.6 升及以下节能环保汽车继续给予一次性 3000 元定额补助，由生产企业在销售时兑付给购买者。

（5）推广资格申请等其他有关事项按《"节能产品惠民工程"节能汽车（1.6 升及以下乘用车）推广实施细则》（财建〔2010〕219 号）执行。同时，工业和信息化部、财政部、发展改革委等有关部委将对节能环保汽车的燃料消耗量和排放进行监督检查，其中以不磨合方式进行车辆燃料消耗量核查试验所采用的渐变系数调整为 0.95。

表14-4 I型试验排放限值

车辆类型	整备质量(CM)/kg	CO L_1/(g/km)		THC L_2/(g/km)		NMHC L_3/(g/km)		NO_x L_4/(g/km)		THC+NO_x L_2+L_4/(g/km)		PM L_5/(g/km)		PN L_6/(#/km)	
		限值													
		PI	CI	PI	CI	PI	CI	PI	CI	PI	CI	PI[a]	CI	PI	CI
第一类车	全部	1.00	0.50	0.100	—	0.068	—	0.060	0.180	—	0.230	—	0.0045	—	6.0×10^{11}
第二类车	CM≤1205	1.00	0.50	0.100	—	0.068	—	0.060	0.180	—	0.230	—	0.0045	—	6.0×10^{11}
	1205<CM≤1660	1.81	0.63	0.130	—	0.090	—	0.075	0.235	—	0.295	—	0.0045	—	6.0×10^{11}
	1660<CM	2.27	0.74	0.160	—	0.108	—	0.082	0.280	—	0.350	—	0.0045	—	6.0×10^{11}

注:CO:一氧化碳,THC:总碳氢,NMHC:非甲烷碳氢,NO_x:氮氧化物,HC+NO_x:碳氢加氮氧化物,PM:颗粒物重量,PN:颗粒物计数。
PI=点燃式,CI=压燃式。
a 仅适用于装缸内直喷发动机的汽车。

节约能源　使用新能源车船车船税政策

为促进节约能源、使用新能源的汽车、船舶产业发展，根据《中华人民共和国车船税法》、《中华人民共和国车船税法实施条例》相关规定，财政部、国家税务总局、工业和信息化部自 2012 年推出了节约能源、使用新能源车船车船税政策并制定了相关实施细则。相关情况汇总如下：

一、关于节约能源 使用新能源车船车船税政策的通知（2012）

2012 年 3 月，财政部、国家税务总局、工业和信息化部联合发布《关于节约能源 使用新能源车船车船税政策的通知》，相关内容摘录如下：

1. 自 2012 年 1 月 1 日起，对节约能源的车船，减半征收车船税；对使用新能源的车船，免征车船税。

2. 节约能源、使用新能源车辆认定标准

（1）节能型乘用车的认定标准为：①获得许可在中国境内销售的燃用汽油、柴油的乘用车（含非插电式混合动力乘用车和双燃料乘用车）；②综合工况燃料消耗量优于下一阶段目标值，具体要求见下表；③已通过汽车燃料消耗量标识备案。

表 14－5　节能型乘用车综合工况燃料消耗量要求

整车整备 质量（CM）/kg	具有两排及以下座椅且 装有手动挡变速器的 车辆/（L/100 km）	具有三排或三排以上座椅或 装有非手动挡变速器的 车辆/（L/100 km）
CM≤750	4.8	5.2
750＜CM≤865	5.1	5.4

表 14 - 5（续）

整车整备 质量（CM）/kg	具有两排及以下座椅且 装有手动挡变速器的 车辆/（L/100 km）	具有三排或三排以上座椅或 装有非手动挡变速器的 车辆/（L/100 km）
865＜CM≤980	5.3	5.7
980＜CM≤1090	5.6	6.0
1090＜CM≤1205	6.0	6.3
1205＜CM≤1320	6.3	6.6
CM＞1320	6.7	6.9

（2）新能源汽车的认定标准为：①获得许可在中国境内销售的纯电动汽车、插电式混合动力汽车、燃料电池汽车，包括乘用车、商用车和其他车辆；②动力电池不包括铅酸电池；③插电式混合动力汽车最大电功率比大于 30%；插电式混合动力乘用车综合燃料消耗量（不含电能转化的燃料消耗量）与现行的常规燃料消耗量标准中对应目标值相比应小于 60%；插电式混合动力商用车（含轻型、重型商用车）综合工况燃料消耗量（不含电能转化的燃料消耗量）与同类车型相比应小于 60%；④通过新能源汽车专项检测，符合新能源汽车标准要求。

（3）节能型商用车和其他车辆的认定标准另行制定。

3. 为促进节能和新能源技术的不断进步，根据我国车船的标准体系、节能评价体系、技术进步和型号变化，财政部、国家税务总局、工业和信息化部将适时修订、调整节约能源、使用新能源车船的认定标准，完善相关认定办法。

二、关于节约能源 使用新能源车船车船税优惠政策的通知（2015）

2015 年 5 月，财政部、国家税务总局、工业和信息化部联合发布《关于节约能源 使用新能源车船车船税优惠政策的通知》，相关

内容摘录如下：

1. 对节约能源车船，减半征收车船税。

（1）减半征收车船税的节约能源乘用车应同时符合以下标准：

①获得许可在中国境内销售的排量为1.6升以下（含1.6升）的燃用汽油、柴油的乘用车（含非插电式混合动力乘用车和双燃料乘用车）。

②综合工况燃料消耗量应符合标准，具体标准见下表。

表 14 - 6　节约能源乘用车综合工况燃料消耗量限值标准

整车整备 质量（CM）/kg	具有两排及以下 座椅/（L/100 km）	具有三排或三排以上 座椅/（L/100 km）
CM≤750	4.7	5.0
750＜CM≤865	4.9	5.2
865＜CM≤980	5.1	5.4
980＜CM≤1090	5.3	5.6
1090＜CM≤1205	5.6	5.9
CM＞1205	5.9	

③污染物排放符合《轻型汽车污染物排放限值及测量方法（中国第五阶段)》（GB 18352.5—2013）标准中Ⅰ型试验的限值标准。

（2）减半征收车船税的节约能源商用车应同时符合下列标准：

①获得许可在中国境内销售的燃用天然气、汽油、柴油的重型商用车（含非插电式混合动力和双燃料重型商用车）；

②燃用汽油、柴油的重型商用车综合工况燃料消耗量应符合标准，具体标准见下表。

表 14 - 7　节约能源货车综合工况燃料消耗量限值标准

最大设计总质量（GVW）/kg	燃料消耗量限值/（L/100km）
3 500＜GVW≤4 500	12.4[a]

表 14-7（续）

最大设计总质量（GVW）/kg	燃料消耗量限值/（L/100km）
4 500＜GVW≤5 500	13.3[a]
5 500＜GVW≤7 000	15.2
7 000＜GVW≤8 500	18.1[a]
8 500＜GVW≤10 500	20.4[a]
10 500＜GVW≤12 500	23.8[a]
12 500＜GVW≤16 000	26.6
16 000＜GVW≤20 000	29.9
20 000＜GVW≤25 000	35.6
25 000＜GVW≤31 000	40.9
31 000＜GVW	43.2

[a] 对于汽油车，其限值是表中相应限值乘以 1.2，求得的数值圆整（四舍五入）至小数点后一位。

表 14-8 节约能源半挂牵引车综合工况燃料消耗量限值标准

最大设计总质量（GCW）/kg	燃料消耗量限值/（L/100km）
GCW≤18 000	31.4
18 000＜GCW≤27 000	34.2
27 000＜GCW≤35 000	36.1
35 000＜GCW≤40 000	38.0
40 000＜GCW≤43 000	39.9
43 000＜GCW≤46 000	42.8
46 000＜GCW≤49 000	44.7
49 000＜GCW	45.6

表14-9　节约能源客车综合工况燃料消耗量限值标准

最大设计总质量（GVW）/kg	燃料消耗量限值/（L/100km）
3 500＜GVW≤4 500	11.9ᵃ
4 500＜GVW≤5 500	12.8ᵃ
5 500＜GVW≤7 000	14.3ᵃ
7 000＜GVW≤8 500	15.7
8 500＜GVW≤10 500	17.6
10 500＜GVW≤12 500	19.0
12 500＜GVW≤14 500	20.4
14 500＜GVW≤16 500	21.4
16 500＜GVW≤18 000	22.8
18 000＜GVW≤22 000	23.8
22 000＜GVW≤25 000	26.1
25 000＜GVW	28.0

ᵃ对于汽油车，其限值是表中相应限值乘以1.2，求得的数值圆整（四舍五入）至小数点后一位。

表14-10　节约能源自卸汽车综合工况燃料消耗量限值标准

最大设计总质量（GVW）/kg	燃料消耗量限值/（L/100km）
3 500＜GVW≤4 500	14.3
4 500＜GVW≤5 500	15.2
5 500＜GVW≤7 000	16.6
7 000＜GVW≤8 500	19.5
8 500＜GVW≤10 500	21.9
10 500＜GVW≤12 500	24.2
12 500＜GVW≤16 000	26.6

表 14 - 10（续）

最大设计总质量（GVW）/kg	燃料消耗量限值/（L/100km）
16 000＜GVW≤20 000	32.3
20 000＜GVW≤25 000	41.3
25 000＜GVW≤31 000	44.7
31 000＜GVW	46.6

表 14 - 11 节约能源城市客车综合工况燃料消耗量限值标准

最大设计总质量（GVW）/kg	燃料消耗量限值/（L/100km）
3 500＜GVW≤4 500	13.3
4 500＜GVW≤5 500	14.7
5 500＜GVW≤7 000	16.6
7 000＜GVW≤8 500	18.5
8 500＜GVW≤10 500	21.4
10 500＜GVW≤12 500	24.7
12 500＜GVW≤14 500	29.0
14 500＜GVW≤16 500	32.3
16 500＜GVW≤18 000	35.6
18 000＜GVW≤22 000	39.0
22 000＜GVW≤25 000	43.2
25 000＜GVW	46.6

③污染物排放符合《车用压燃式、气体燃料点燃式发动机与汽车排气污染物排放限值及测量方法（中国Ⅲ，Ⅳ，Ⅴ阶段）》（GB 17691—2005）标准中第Ⅴ阶段的标准。

减半征收车船税的节约能源船舶和其他车辆等的标准另行制定。

2. 对使用新能源车船，免征车船税。

（1）免征车船税的使用新能源汽车是指纯电动商用车、插电式（含增程式）混合动力汽车、燃料电池商用车。纯电动乘用车和燃料电池乘用车不属于车船税征税范围，对其不征车船税。

（2）免征车船税的使用新能源汽车（不含纯电动乘用车和燃料电池乘用车，下同），应同时符合下列标准：

①获得许可在中国境内销售的纯电动商用车、插电式（含增程式）混合动力汽车、燃料电池商用车；

②纯电动续驶里程符合相关标准；

③使用除铅酸电池以外的动力电池；

④插电式混合动力乘用车综合燃料消耗量（不计电能消耗）与现行的常规燃料消耗量国家标准中对应目标值相比小于60%；插电式混合动力商用车（含轻型、重型商用车）燃料消耗量（不含电能转化的燃料消耗量）与现行的常规燃料消耗量国家标准中对应限值相比小于60%；

⑤通过新能源汽车专项检测，符合新能源汽车标准。

免征车船税的使用新能源船舶的标准另行制定。